全国应用型高校 3D 打印领域人才培养"十三五"规划教材

3D 打印与创客

主　编　陈森昌

副主编　陈　曦

华中科技大学出版社

中国·武汉

内 容 简 介

本书以最新的教育改革精神为指导,面对我国蓬勃发展的"双创"运动,结合作者多年在 3D 打印领域的研究成果,围绕 3D 打印助力创新创业者的方式、方法和途径展开,全面阐述了 3D 打印技术、创新创业者、创新创业助力机构三者之间的关联与合作的关系;为了帮助读者学习并指导 3D 打印的实际应用,没有过多理论的论述,而用大量最新的实例,从多个侧面介绍 3D 打印在解决创新创业者遇到问题时的作用和过程,以此来帮助创新创业者,开拓他们的思路,争取利用 3D 打印技术开创应用的新领域和新途径,为成功创业提供帮助和保障。

本书的项目一介绍 3D 打印的原理与优势,项目二介绍创客的概念和要求,项目三介绍创业者的需求与 3D 打印,项目四介绍 3D 打印与创业孵化器,项目五介绍"互联网＋3D 打印"服务。

本书既可以作为应用型高校学生学习、培训的教材,也可以作为创新创业者、3D 打印从业人员或 3D 打印爱好者,甚至创新创业管理机构管理人员的参考书籍。

图书在版编目(CIP)数据

3D 打印与创客/陈森昌主编. —武汉:华中科技大学出版社,2017.11(2022.2重印)
全国应用型高校 3D 打印领域人才培养"十三五"规划教材
ISBN 978-7-5680-2919-3

Ⅰ.①3… Ⅱ.①陈… Ⅲ.①立体印刷-印刷术-高等学校-教材 Ⅳ.①TS853

中国版本图书馆 CIP 数据核字(2017)第 126940 号

3D 打印与创客
3D Dayin yu Chuangke

陈森昌　主编

策划编辑:张少奇
责任编辑:刘　飞
封面设计:杨玉凡
责任校对:刘　竣
责任监印:周治超
出版发行:华中科技大学出版社(中国·武汉)　　　电话:(027)81321913
　　　　　武汉市东湖新技术开发区华工科技园　　　邮编:430223
录　　排:武汉楚海文化传播有限公司
印　　刷:武汉科源印刷设计有限公司
开　　本:710mm×1000mm　1/16
印　　张:9
字　　数:184 千字
版　　次:2022 年 2 月第 1 版第 5 次印刷
定　　价:32.80 元

全国应用型高校 3D 打印领域人才培养"十三五"规划教材

编审委员会

序

  3D打印技术也称增材制造技术、快速成形技术、快速原型制造技术等,是近30年来全球先进制造领域兴起的一项集光/机/电、计算机、数控及新材料于一体的先进制造技术。它不需要传统的刀具和夹具,利用三维设计数据在一台设备上由程序控制自动地制造出任意复杂形状的零件,可实现任意复杂结构的整体制造。如同蒸汽机、福特汽车流水线引发的工业革命一样,3D打印技术符合现代和未来制造业对产品个性化、定制化、特殊化需求日益增加的发展趋势,被视为"一项将要改变世界的技术",已引起全球关注。

  3D打印技术将使制造活动更加简单,使得每个家庭、每个人都有可能成为创造者。这一发展方向将给社会的生产和生活方式带来新的变革,同时将对制造业的产品设计、制造工艺、制造装备及生产线、材料制备、相关工业标准、制造企业形态乃至整个传统制造体系产生全面、深刻的影响:①拓展产品创意与创新空间,优化产品性能;②极大地降低产品研发创新成本、缩短创新研发周期;③能制造出传统工艺无法加工的零部件,极大地增加工艺实现能力;④与传统制造工艺结合,能极大地优化和提升工艺性能;⑤是实现绿色制造的重要途径;⑥将全面改变产品的研发、制造和服务模式,促进制造与服务融合发展,支撑个性化定制等高级创新制造模式的实现。

  随着3D打印技术在各行各业的广泛应用,社会对相关专业技能人才的需求也越来越旺盛,很多应用型本科院校和高职高专院校都迫切希望开设3D打印专业(方向)。但是目前没有一套完整的适合该层次人才培养的教材。为此,我们组织了相关专家和高校的一线教师,编写了这套3D打印技术教材,希望能够系统地讲解3D打印及相关应用技术,培养出满足社会需求的3D打印人才。

  在这套教材的编写和出版过程中,得到了很多单位和专家学者的支持和帮助,西安交通大学卢秉恒院士担任本套教材的顾问,很多在一线从事3D打印技术教学工作的教师参与了具体的编写工作,也得到了许多3D打印企业和湖北省3D打印产业技术创新战略联盟等行业组织的大力支持,在此不一一列举,一并表示感谢!

  我们希望该套教材能够比较科学、系统、客观地向读者介绍3D打印这一新兴制造技术,使读者对该技术的发展有一个比较全面的认识,也为推动我国3D打印技术与产业的发展贡献一份力量。本套书可作为应用型高校机械工程专业、材料工程专业及职业教育制造工程类的教材与参考书,也可作为产品开发与相关行业技术人员的参考书。

我们想使本套书能够尽量满足不同层次人员的需要,故涉及的内容非常广泛,但由于我们的水平和能力有限,编写过程中的疏漏和不足在所难免,殷切地希望同行专家和读者批评指正。

史玉升

2017 年 7 月于华中科技大学

前　　言

"改变未来"的 3D 打印技术与创客这两个广受关注的对象,在现实社会中,早已紧密地结合在一起。创客借助 3D 打印技术,完成了自己身份的进一步定位,而 3D 打印技术也借助创客的双手,完善了自己并不断拓展其应用范围。3D 打印技术与创客的相伴,为我国的"双创"添砖加瓦,相辅相成。但要把它们结合在一起,在理论上将其结构梳理清晰,并编撰成教材,还没有人尝试过,对作者来说,这的确是一个全新的挑战。

创新创业是当今中国的一个热门话题,本书企图从最好的创业帮手——"3D 打印"的角度,围绕 3D 打印助力创新创业者的方式、方法和途径展开,全面阐述 3D 打印技术、创新创业者、创新创业助力机构三者之间的关联与合作的关系;为了帮助读者学习并指导 3D 打印技术的实际应用,书中没有过多理论的论述,而用大量最新的实例,从多个侧面介绍 3D 打印在解决创新创业者遇到问题时的作用和过程,以此来帮助创新创业者,开拓他们的思路,争取利用 3D 打印技术开创应用的新领域和新途径,为新时代的创业者能够创业成功提供有力的帮助和保障。

面对双创热潮,我国的高等学校已经普遍开展了创新创业教育,作为 3D 打印技术的研究人员和教育工作者,我们很乐意推动 3D 打印技术在"双创"中起到更好的作用,促进 3D 打印技术进一步推动我国社会生活和国民经济的发展,觉得这是研究人员和教育工作者应该做的事情,但又倍感困难。对于这样的一个选题,从每章、每节的编排,到内容的取舍,都进行了多次重写和修改,还是觉得有许多内容应该写进书里,有些内容还需要精炼,有些观点和提法,甚至有些叙述都有再推敲的必要,以使书稿内容更加完善。但是,由于作者的水平和时间有限,本书的疏漏和不足之处在所难免,希望大家不吝批评指正,留待以后再改版时进一步完善。

本书的编写安排为:项目一至项目四由陈森昌撰写,项目五由陈曦撰写。全书由陈森昌统一修改、审定。陈曦审阅了全部书稿,并提出了修改意见。学生许青云帮助收集、整理了大量的资料,硕士生张海荣也帮助收集和整理了部分资料,在此对他们的辛勤工作表示由衷的感谢。书中所列举的事例,一部分是作者团队的研究积累,一部分来自参考文献,还有一部分来自行业报道。在此,编者对所参考的书籍、论文和报道的作者表示最衷心的感谢。

作者希望本书的出版能对创新创业者和 3D 打印爱好者有所帮助和裨益。本书既可以作为应用型高校学生学习和培训的教材,也可以作为创新创业者、3D 打印从业人员或 3D 打印爱好者,甚至创新创业管理机构管理人员的参考书籍。

编　者

2017 年 8 月

目　　录

项目一　3D 打印的原理与优势

　　3D 打印是飞速发展的一项数字驱动新技术,它颠覆了传统成形方法的局限;近些年来,3D 打印已经成为一种热潮,引起越来越多人的关注。

　　例如,在 2012 年 12 月上映的电影《十二生肖》中,有这样一段镜头让人大呼神奇:成龙戴了一副具有扫描功能的手套,从头到尾触摸了兽首中的羊头头像,生成了三维羊头的电子模型,然后将其三维数据输入电脑,电脑控制一台机器,便几乎同步制造出了逼真的兽首复制品。人们不禁对这一新奇技术赞叹不已。而真实场景中的这一幕使用的正是 3D 打印技术。如今在许多领域,这一技术已被广泛运用。

　　相比起传统意义上的成形设备,3D 打印机可以打印日常生活用品、办公用品、工业用品,甚至是建筑、人体组织,等等。最新 3D 打印技术的发展,带给人们未来无限的想象空间。打印对象的广泛性,使 3D 打印这项技术在商业上得到了全新的发展,与传统的商业化模式比,3D 打印技术也具有独特的优势。

　　本项目通过对 3D 打印技术的基本概念、原理、打印方法和应用实例的详细介绍,使学生对 3D 打印有一个初步的了解,并认识到 3D 打印在当今社会和科技发展中所起的主要作用。

项目目标

　　(1)掌握 3D 打印技术的原理、优势与局限性。

　　(2)熟悉常见的 3D 打印方法及其相应的优缺点。

　　(3)初步认识 3D 打印的应用及其在创新创业中的促进作用。

知识目标

　　(1)掌握常见 3D 打印原理、方法及成形过程。

　　(2)熟悉常见的 3D 打印设备和使用。

能力目标

　　(1)能熟练运用 3D 打印设备。

　　(2)能利用 3D 打印解决实际应用中的需求和问题。

任务 1.1 3D 打印的原理与优势认知

任务描述

了解 3D 打印的基本概念、基本原理、优势等相关知识,有利于后面展开对 3D 打印技术的详细学习。

知识准备

1.3D 打印的起源

3D 打印技术的核心思想起源于 19 世纪末的美国,又被称为快速成形技术和增材制造技术。随着计算机技术、激光技术和新材料的发展,3D 打印技术已经从最早的立体光固化(SLA)发展出分层实体制造(LOM)、选择性激光烧结(SLS)、熔融沉积制造(FDM)以及三维印刷(3DP)五种常见的经典 3D 打印工艺方法。

3D 打印技术的发展历程如下:

1984 年,Charles Hull 研发了 3D 打印技术。1986 年,Charles Hull 发明了利用紫外线照射将树脂凝固成形,以此来制造物体的技术,将其命名为立体光刻技术,并获得了专利,随后成立了 3D Systems 公司;同年,Helisys 公司的 Michael Feygin 研发了分层实体制造(LOM)技术。1988 年,3D Systems 公司开发并生产了第一台 3D 打印机 SLA-250 设备,向公众出售;同年,Scott Crump 研发了熔融沉积制造(FDM)技术。1989 年,Scott Crump 成立了 Stratasys 公司;同年,C. R. Dechard 博士发明了选择性激光烧结(SLS)技术。1991 年,Helisys 公司售出了第一台分层实体制造(LOM)系统。1992 年,Stratasys 公司售出了首批基于 FDM 的 3D 打印机器;同年,DTM 公司售出了第一台 SLS 系统。1993 年,麻省理工学院教授 Emanual Sachs 创造了三维印刷(3DP)技术的雏形,将陶瓷或金属粉末通过黏结剂黏在一起成形;1995 年,麻省理工学院毕业生 Jim Bredt 和 Tim Anderson 修改了喷墨打印件方案,变为将约束溶剂挤压到粉末床,而不是将墨水挤压到纸上,改良出新的 3DP 技术,随后创立了 Z Corporation。至此,5 种常见的 3D 打印技术方法都已经出现并产业化,此后对其技术不断改进完善。

2012 年开始,3D 打印开始进入快速发展的阶段,新的技术原理和方法层出不穷,新的设备不断被开发出来,3D 打印企业如雨后春笋,领先的企业进入规模化发展进程。

2.3D 打印的过程

(1)第一步:三维模型设计。

　　三维模型可由两种方法获得：一种是通过计算机建模软件构建三维模型,设计软件可以是常用的 CAD 软件,例如 SolidWorks、Pro/E、UG、POWERSHAPE 等,称作正向设计;另一种是通过逆向工程获得三维模型,称为逆向设计。得到各种文件格式的三维模型后,再将设计好的三维模型保存为 STL 文件格式,图 1-1-1 为其他文件格式转换成 STL 文件格式转换示意图。STL 文件使用三角面来近似模拟物体的表面,三角面越小其生成的表面分辨率越高。

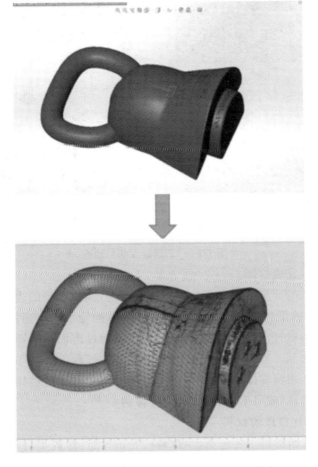

图 1-1-1　其他文件格式转换成 STL 文件格式

　　(2)第二步:切片处理。

　　将建成的三维模型"分切"成逐层的截面,即切片。如图 1-1-2 所示为采用 Cura软件进行的三维模型切片预览图示。打印机通过读取计算机文件中的横截面信息,用液体状、粉状或片状的材料将这些截面形状逐层地打印出来,再将各层截面以各种方式黏合起来从而制造出一个实体。这种技术的特点在于其可以造出任意复杂形状的物品,制造过程与零件本身的复杂程度几乎无关。打印机打出的截面的厚度(即 Z 方向)以及平面方向(即 X-Y 方向)的分辨率是以 dpi(像素每英寸)或者微米来计算的。一般的厚度为 $100~\mu m$，即 $0.1~mm$，也有部分打印机如 ObjectConnex 系列还有三维 Systems' ProJet 系列可以打印出 $16~\mu m$ 厚一层。而平面方向则可以打印出更高的分辨率。

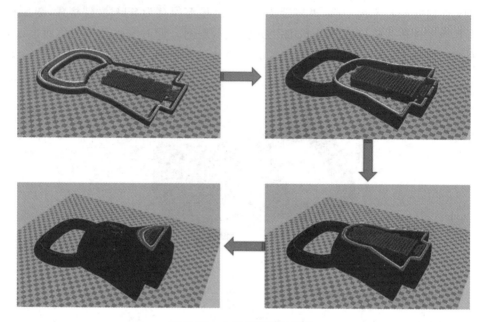

图 1-1-2　三维模型切片预览

（3）第三步：完成打印。

三维打印机的分辨率对大多数应用来说已经足够(弯曲的表面可能会比较粗糙，类似图像上的锯齿一样)，要获得更高分辨率的物品可以通过如下方法：先用当前的三维打印机打出稍大一点的物体，再稍微经过表面打磨即可得到表面光滑的"高分辨率"物品。有些技术可以同时使用多种材料进行打印。有些技术在打印的过程中还会用到支撑结构，比如在打印一些有悬空状的结构时就需要用到一些易于除去的材料(如可溶的材料)作为支撑物。

3. 可用于 3D 打印的材料

目前，3D 打印材料主要包括工程塑料、光敏树脂、橡胶类材料、金属材料和陶瓷材料等，除此之外，彩色石膏材料、人造骨粉、细胞生物原料以及砂糖等食品材料也在 3D 打印领域得到了应用，随着技术的进步，伴随着新的方法和新技术的发展，新材料也不断出现，如建筑材料。

3D 打印所用的这些原材料都是专门针对 3D 打印设备和工艺而研发的，与普通的塑料、石膏、树脂等有所区别，其形态一般有粉末状、丝状、层片状、液体状等。通常，根据打印设备的类型及操作条件的不同，所使用的粉末状 3D 打印材料的粒径为 $1\sim100~\mu m$ 不等，而为了使粉末保持良好的流动性，一般要求粉末具有高球形度。

3D 打印的材料大致可以分为以下几种类型。

(1)工程塑料。

工程塑料指被用做工程结构体的材料,如工业零件或外壳,也叫工业用塑料,是强度、耐冲击性、耐热性、硬度及抗老化性均表现优异的塑料。工程塑料是当前应用最广泛的一类 3D 打印材料,常见的有 acrylonitrile butadiene styrene(ABS)类材料、polycarbonate(PC)类材料、尼龙类材料等。图 1-1-3 所示为用工程塑料打印的无人机外壳。

图 1-1-3　选用尼龙＋玻纤高分子工程塑料打印的无人机外壳

①目前 ABS 材料是 3D 打印材料中最稳定的一种材料。ABS 材料是 FDM (fused deposition modeling,熔融沉积制造)方法常用的热塑性工程塑料,具有强度高、韧性好、耐冲击等优点,正常变形温度超过 90 ℃,可进行机械加工(钻孔、攻螺纹)、喷漆及电镀。其颜色种类很多,如象牙白、白色、黑色、深灰、红色、蓝色、玫瑰红色等,在汽车、家电、电子消费品领域有广泛的应用。

②PC 材料是热塑性材料,具备工程塑料的所有特性:高强度、耐高温、抗冲击、抗弯曲,可供最终零部件使用。使用 PC 材料制作的样件,可以直接装配使用,可应用于交通工具及家电行业。PC 材料的颜色比较单一,只有白色,但其强度比 ABS 材料高出 60%左右,具备超强的工程材料属性,广泛应用于电子消费品、家电、汽车制造、航空航天、医疗器械等领域。

③尼龙玻纤是一种白色的粉末,与普通塑料相比,其拉伸强度、弯曲强度有所增强,热变形温度以及材料的模量有所提高,材料的收缩率减小,但表面变粗糙,冲击强度降低。材料热变形温度为 110 ℃,主要应用于汽车、家电、电子消费品领域。

④PC-ABS 材料是一种应用最广泛的热塑性工程塑料。PC-ABS 具备了 ABS 的韧性和 PC 材料的高强度及耐热性,大多应用于汽车、家电及通信行业。使用该材料配合 FORTUS 设备制作的样件强度比传统的 FDM 系统制作的样件强度高出 60%左右,所以使用 PC-ABS 能打印出包括概念模型、功能原型、制造工具及最终零部件等热塑性部件。

⑤PC-ISO(polycarbonate-iso)材料是一种通过医学卫生认证的白色热塑性材料,具有很高的强度,广泛应用于药品及医疗器械行业,用于手术模拟、颅骨修复、牙科等专业领域。同时,因为具备 PC 的所有性能,也可以用于食品及药品包装行业,做出的样件可以作为概念模型、功能原型、制造工具及最终零部件使用。

⑥PSU(polysulfone)类材料是一种琥珀色的材料,热变形温度为189 ℃,是所有热塑性材料里面强度最高,耐热性最好,抗腐蚀性最优的材料,通常作为最终零部件使用,广泛用于航空航天、交通工具及医疗行业。PSU类材料能带来直接数字化制造体验,性能非常稳定,通过与 RORTUS 设备的配合使用,可以达到令人惊叹的效果。

(2)光敏树脂。

光敏树脂又称 UV 树脂,由聚合物单体与预聚体组成,其中加有光(紫外光)引发剂(或称为光敏剂),在一定波长(250~300 nm)的紫外光照射下立刻引起聚合反应,完成固化。光敏树脂一般为液态,用于制作高强度、耐高温、防水等的材料。光敏树脂成形的模型如图 1-1-4 所示。

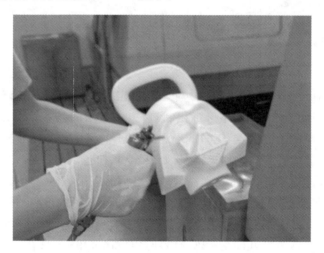

图 1-1-4　光敏树脂成形的模型

(3)橡胶类材料。

橡胶类材料具备多种级别弹性材料的特征,这些材料所具备的硬度、断裂伸长率、抗撕裂强度和拉伸强度,使其非常适合于要求防滑或柔软表面的应用领域。3D 打印的橡胶类产品主要有消费类电子产品、医疗设备以及汽车内饰、轮胎、垫片等。图 1-1-5 所示为 3D 打印仿生碳纤维橡胶车。

图 1-1-5　3D 打印仿生碳纤维橡胶车

（4）金属材料。

近年来，3D打印技术逐渐应用于功能产品的制造，其中，金属材料的3D打印技术发展尤其迅速。在国防领域，欧美发达国家非常重视3D打印技术的发展，不惜投入巨资加以研究，而3D打印金属零部件一直是研究和应用的重点。3D打印所使用的金属粉末一般要求纯净度高、球形度好、粒径分布窄、氧含量低。目前，应用于3D打印的金属粉末材料主要有钛合金、钴铬合金、不锈钢和铝合金材料等，此外还有用于打印首饰用的金、银等贵金属粉末材料。图1-1-6所示为铝合金材料3D打印的机械零件。

图 1-1-6　铝合金材料 3D 打印的机械零件

①钛是一种重要的结构金属，钛合金因具有强度高、耐腐蚀性好、耐热性高等特点而被广泛用于制作飞机发动机压气机部件，以及火箭、导弹和飞机的各种结构件。钴铬合金是一种以钴和铬为主要成分的高温合金，它的耐腐蚀性能和力学性能都非常优异，用其制作的零部件强度高、耐高温。采用3D打印技术制造的钛合金和钴铬合金零部件，强度非常高，尺寸精确，能制作的最小尺寸可达 1 mm，其力学性能可优于锻造工艺制造的零部件。

②不锈钢以其耐空气、蒸汽、水等弱腐蚀介质和酸、碱、盐等化学浸蚀性介质腐蚀而得到广泛应用。不锈钢粉末是金属3D打印经常使用的一类性价比较高的金属粉末材料。3D打印的不锈钢模型具有较高的强度，而且适合打印尺寸较大的零件。

（5）陶瓷材料。

陶瓷材料具有高强度、高硬度、耐高温、低密度、化学稳定性好、耐腐蚀等优异特性，在航空航天、汽车、生物等行业有着广泛的应用。但陶瓷材料硬而脆的特点使其加工成形尤其困难，特别是复杂陶瓷件需通过模具来成形。模具加工成本高、开发周期长，难以满足产品不断更新的需求。图1-1-7所示为利用3D打印技术制作的精美陶瓷作品。

图 1-1-7 利用 3D 打印技术制作的精美陶瓷作品

(6) 其他 3D 打印材料。

除了上面介绍的 3D 打印材料外,目前用到的还有彩色石膏材料、人造骨粉、细胞生物原料以及砂糖等材料。其中,彩色石膏材料是一种全彩色的 3D 打印材料,是基于石膏的、易碎、坚固且色彩清晰的材料;3D 打印成品在处理完毕后,表面可能出现细微的颗粒效果,外观很像岩石,在曲面表面可能出现细微的年轮状纹理。

任务实施

1. 3D 打印的原理

3D 打印,学名"增材制造",也称为增量制造或快速成形。是世界各国快速兴起的一种集光/机/电、计算机、数控和新材料等多种先进科技于一体的先进制造技术。它是一种"生长"制造技术,是一种以数字模型文件为基础,运用粉末、丝材、液体材料或片材等成形材料,通过逐层打印的方式来制造三维物体的技术。

2. 3D 打印的独特优势

3D 打印逐渐成为一种潮流,广泛应用到社会生活的各个领域当中,也逐渐进入商业化模式,在社会化生产产业链中具有一定的优势。

(1) 设计空间,突破局限。

传统制造技术制造的产品受其加工能力的限制,有时候不能够把人们奇思妙想出的结构加工出来,而制造形状的能力受制于所使用的加工方法和工具。举个

例子,传统的车床只能制造圆形物品,制模机仅能制造铸模零件。3D打印机可以突破这些局限,开辟巨大的设计空间,甚至可以打印目前只存在于自然界的形状,可以说几乎任何形状都能打印制造。

(2)复杂物品,不增加加工成本。

就传统制造而言,物体形状越复杂,制造成本越高。对3D打印技术而言,成形件形状复杂程度增加,制造成本并没有增加,也不需要其他特殊的帮助;成形一个精美、复杂形状的物品,并不比打印一个简单的物品消耗更多的工夹辅具、技能或成本。

(3)产品多样,成本不增。

一台3D打印机可以很容易地打印许多形状,而传统的制造方式,不同形状的产品根据工艺的不同,很多时候需要不同的辅具来辅助,以完成加工。3D打印则省去了购买新辅具的成本,一台3D打印机只需要不同的数字设计模型和满足要求的原材料即可完成产品的制作。

(4)突破传统,无需组装。

3D打印能使多个零部件一体化成形。传统的大规模生产建立在组装线基础上,在现代化工厂,机器生产出相同的零部件,然后由机器或工人组装,这样产品组成部件越多,组装耗费的时间和成本就越多。3D打印机可以同时打印几个传统方法加工后装配在一起的零件,如轴、轴承和齿轮同时打印出来,不需要组装;这样缩短了供应链,节省在劳动力和运输方面的花费。

(5)不占空间,便携制造。

就单位生产空间而言,与传统制造方法相比,3D打印机的制造能力更强。例如,注塑机只能制造比自身小很多的物品,但是,3D打印机却可以制造和其打印工作台差不多大的物品。3D打印机占据的物理空间较小,适合家用或办公使用。

(6)多种材料,无限组合。

目前的传统制造方法很难将不同原材料结合成单一的产品,因为传统的制造方法在加工过程中,不能轻易地将多种原材料融合在一起,但3D打印机可以将不同原材料融合在一起,从而形成一种新的结构和梯度材料,生产出来的产品可以是多样颜色,还具有特殊的性能。

(7)实体物品,精确复制。

借助3D扫描技术,可以将实体物品进行精确的复制,扫描技术和3D打印技术将共同促进实体世界和数字世界之间的形态转换和再现。

(8)零时间交付,减少库存。

3D打印机可以按照需求直接打印,即时生产,减少了企业的实物库存,企业可以根据客户需求,使用3D打印机制造产品。通过网络,人们可以按需就近生产物品,不但缩短等货的时间,还能最大限度地减少长途运输的成本。

(9)零技能制造,直接操作。

传统手工制造所要求的特殊技能需要较长时间的学习、培训、练习,才能掌握并且熟练运用,计算机控制下的设备降低了对技能的要求,但还是需要熟练的专业人员进行机器调整和校准,操作人员也需要具备一定的技能。而操作 3D 打印机所需要的技能不多。

(10)减少副产品,降低浪费。

与传统的金属制造技术相比,3D 打印机制造金属时材料的利用率很高,产生较少的材料浪费,而传统金属加工的材料浪费量很大。

3. 3D 打印的局限性

3D 打印与传统制造技术相比,优势还是很明显的,除了上述以外,还有更多的优点等待在技术发展后去发掘。目前,3D 打印也具有明显的局限性。

(1)技术限制。

3D 打印确实是一种让人惊喜的技术,但是目前看来并不完善,集中表现在成形零件的精度不高。传统的精密加工,精度起码要达到微米级,也就是千分之一毫米。而目前世界上最好的 3D 打印机,其打印精度也很难达到百分之一毫米。另一方面是,3D 打印零件的强度不够高,这也是这一技术本身存在的巨大缺陷。

(2)材料限制。

材料问题是 3D 打印遇到的瓶颈,目前支持 3D 打印的材料有尼龙、光敏树脂、塑料等数十种材料,数量十分有限,要打印满足各种各样需要的物品,需要更多的材料支持。图 1-1-8 所示为利用 FDM 方法的打印材料。

图 1-1-8　FDM 方法的打印材料

(3)机器限制。

3D 打印技术在构建物体的几何形状方面有特别的优势,几乎任何静态的形状都可以被打印出来,在构建零件的性能上已经获得了一定的成绩,但是打印那些需要高速运动的物体和受力比较大的零部件就受到很大的限制。3D打印技术想要进入人们的日常生活,使每个人都能随意打印想要和需要的东西,那么机器的限制就必须得到解决(见图1-1-9)。

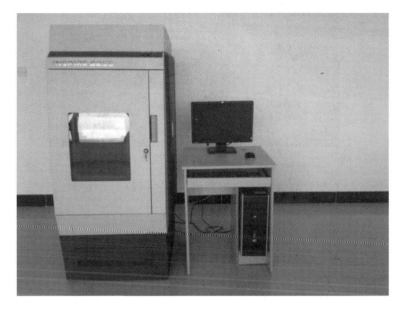

图1-1-9　3D打印物品的大小还受到打印机的限制

(4)效率问题。

目前3D打印机的打印速度慢,即便是一个很小的东西,打印出来也需要较长的时间,要想利用3D打印大量地生产产品,还需要提高打印速度。

(5)知识产权问题。

3D打印技术也会涉及知识产权问题,因为现实生活中的很多流行的东西都会得到广泛的传播。人们可以利用3D打印方便、随意地复制任何东西。如何制定3D打印的法律法规来保护知识产权,也是我们面临的问题之一,否则就会出现复制品泛滥的现象。

(6)道德的挑战。

如图1-1-10所示是一把由美国人利用3D技术打印的手枪。制造者打印出该手枪的部分组件,并结合真枪其他部分零件,组合制作成这把枪,还在一个农场进行了试枪,可以发射真实的子弹。在我国,这种做法已经触碰到了道德底线。当然,目前对3D打印来说,什么样的东西会违反道德还是很难界定的,随着技术的发展,在不久的将来,如果有人打印出生物器官、活体组织等,会遇到极大的道德挑战。

(7)费用高昂。

3D打印技术需要的费用很高,工业级3D打印机的价格从几十万到几百万元人民币不等。相比起来,桌面级3D打印机价格较为便宜,也要几千元,其成形效率低,材料成本也很高,如每千克金属钛粉要好几千元人民币。

图 1-1-10　3D 打印的手枪

　　每一种新技术都会面临着各自的障碍。随着 3D 打印技术迅速发展,上述问题会逐渐得到解决。

任务 1.2　3D 打印常用的方法

 任务描述

　　本任务介绍常用的 3D 打印方法的基本原理和实现技术,以及各种方法的特点。

任务实施

　　3D 打印技术发展到现在,已经出现了上百种不同的工艺方法,其中较为常用、商业化较好的技术方法有:熔融沉积制造(FDM,fused deposition modeling)法、立体光固化(SLA,stereolithography)法、选择性激光烧结(SLS,selective laser sintering)法、三维印刷(3DP,three dimensional printing)法、分层实体制造(LOM,laminated object manufacturing)法,等等。

　　1.常用 3D 打印方法简介

　　(1)熔融沉积制造(FDM)。

　　熔融沉积制造是将丝状材料加热熔化后,通过计算机控制的三维打印头挤出,打印头按打印模型截面数据的轮廓和填充轨迹运动,挤出的材料迅速冷却,与底层和前面的成形轨迹黏结在一起,形成一层零件截面后,工作台下移一个分层厚度,如此反复逐层沉积,直到最后,这样由底到顶逐层地堆积成一个三维实体模

型或零件。FDM 打印成形件强度和精度一般,零件表面较为粗糙,需要进行后处理。主要加工对象为热塑性材料、蜡和可食用材料组成的实体。图 1-2-1 为 FDM 的成形原理示意图。

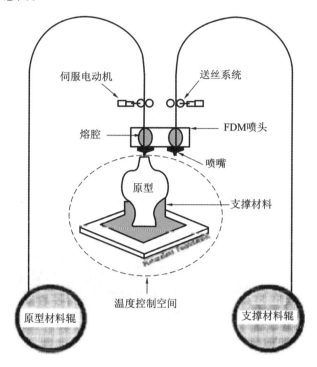

图 1-2-1　FDM 成形原理示意图

(2)立体光固化(SLA)。

立体光固化是最早出现、技术最成熟和应用最广泛的快速成形技术之一,以对紫外光非常敏感的液态光敏树脂为原料,通过计算机控制的紫外激光,按零件分层截面信息对光敏树脂表面进行逐点扫描,被扫描的光敏树脂发生光聚合反应而固化,形成零件的一个薄层后,工作台托板下移一个层厚,等重新覆盖新的液态树脂,继续打印下一层,直到打印件完全成形。该技术尺寸精度高,表面质量好,但成本较高。图 1-2-2 是立体光固化原理示意图。

(3)选择性激光烧结(SLS)。

通过计算机控制的激光系统,按零件分层截面信息对粉末状材料进行烧结,部分材料熔化后将未熔化的粉末黏结并迅速冷却形成一个零件分层后,工作台下降一个分层厚度,供粉缸推出一个分层厚度的粉末覆盖在零件分层上,重复堆积成形的过程。从理论上来说,任何受热后能够黏结的粉末都可以用作 SLS 的原材料,使用较多的是高分子材料粉末。SLS 成形件表面质量一般。SLS 生产效率较高,运营成本较高,设备费用较贵,材料利用率接近 100%。图 1-2-3 是选择性激光烧结原理示意图。

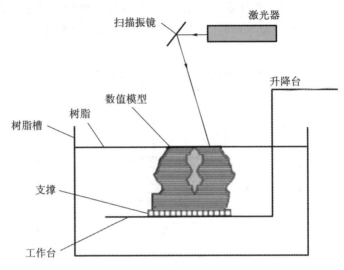

图 1-2-2　立体光固化原理示意图

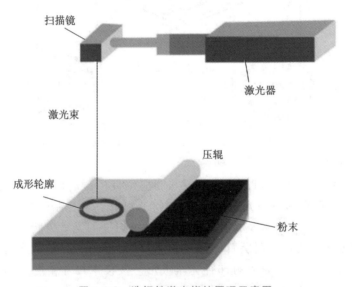

图 1-2-3　选择性激光烧结原理示意图

（4）三维印刷（3DP）。

三维印刷也叫粉末黏结成形，其工艺与 SLS 工艺类似，采用粉末成形材料，如陶瓷粉末、金属粉末或高分子材料粉末。所不同的是粉末材料不是通过激光烧结连接起来的，而是通过喷头将黏结剂按照零件的截面"印刷"或"喷"在材料粉末上面，黏结剂把粉末颗粒黏结起来。上一层黏结完毕后，成形缸下降一个距离（等于层厚，一般范围为 0.1～0.3 mm），供粉缸上升一高度，推出若干粉末，并被铺粉辊推到成形缸，铺平并被压实。喷头在计算机控制下，按下一截面的成形数据有选择地喷射黏结剂在粉层表面。铺粉辊在铺粉时多余的粉末被集粉装置收集。如此周而复始地送粉、铺粉和喷射黏结剂,最终完成一个三维粉体的黏结。未被喷射黏结剂的地方为干粉,在成形过程中起支撑作用,且成形结束后,比较容易去除。用黏结剂黏结的零件强度较低,还须后处理。它先铺一层粉末,然后使用喷嘴将黏结剂喷在需要成形的区域,让粉末黏结,形成截面,再不断重复铺粉、喷涂、黏结的过程,层层叠加,最终打印出三维实物。图 1-2-4、图 1-2-5 所示为三维印刷原理示意图。

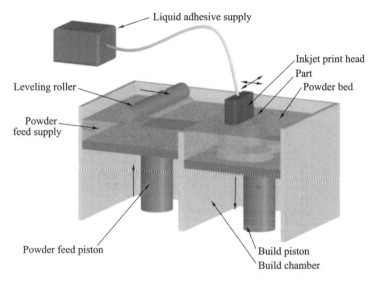

图 1-2-4　三维印刷原理示意图(一)

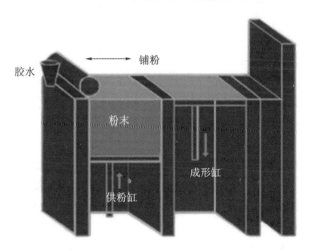

图 1-2-5　三维印刷原理示意图(二)

(5)分层实体制造(LOM)。

分层实体制造又称叠层实体制造,它是以单面有黏结剂的片材为成形材料,通过计算机控制的激光切割系统,按照计算机提取的分层截面信息,将片材用激光切割出工件的内外轮廓。切割完一层后,送料机构将新的一层材料叠加上去,再利用加热和加压装置,将其与已切割层黏合在一起,然后再进行切割,如此重复黏合堆叠,切割,最终打印成形。LOM 常用材料是纸、塑料膜、金属箔、陶瓷膜等。该技术的特点是工作可靠,模型支撑性好,成本低,效率高。缺点是前、后处理费时费力,且不易制造中空结构件。

常用纸质材料,其制件性能相当于高级木材。主要用途:快速制造新产品样件、模型或铸造用木模。图 1-2-6 所示为分层实体制造示意图。

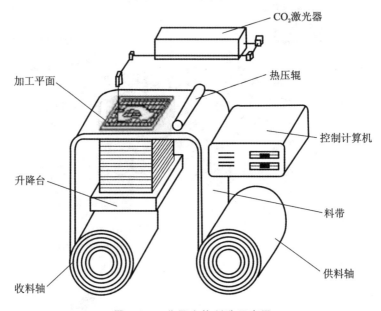

图 1-2-6 分层实体制造示意图

2. 各种 3D 打印方法的优、缺点

(1)熔融沉积技术成本较低,不需要昂贵的激光器等,特别适合中空的结构,可节约材料,缩短成形时间,设备体积小,成形无污染。但是,该技术成形速度较慢,精度较低,成形件的强度等性能不高,主要应用于主流的桌面级 3D 打印机。

(2)立体光固化技术相比于熔融沉积技术,其优点是精度高,每层厚度可以达到 0.05~0.15 mm,打印的表面比较平滑,工艺成熟,适宜制造精密塑料零件;缺点是可以使用的材料有限,只能单色打印,且液态光敏树脂材料价格昂贵,成形件的强度、硬度等力学性能较差。

(3)选择性激光烧结最大的优点在于使用的材料广泛,如尼龙、蜡、金属和陶瓷粉末等都可以使用。它的成形工艺简单,材料利用率高,成形速度快,可以与铸造技术结合,制作金属零件,也可以用来直接制作快速模具;不足之处是使用成本较高,设备费用较贵,激光烧结金属零件的密度和强度都有限。

（4）三维印刷方法采用黏结剂和喷射技术，几乎可以采用任何材料来成形工件，能形成比较复杂的空腔，能采用多喷头装置，从而大大提高成形加工速度，材料成本低；但是，成形件的强度较低，只能做概念型使用，而不能做功能性试验，零件易变形甚至出现裂纹，表面较粗糙。

（5）分层实体制造的优点是成形效率高，设备价格和材料价格低，成形材料收缩和翘曲变形小，尺寸稳定性好；缺点是材料应用范围小，需要制作特定厚度的薄层材料，此外，层和层之间的结合力较差。

任务 1.3　3D 打印的应用实例

任务描述

列举 3D 打印在生活当中的应用实例，从而加深人们对 3D 打印的认识和了解。

任务实施

随着 3D 打印热潮在全球席卷，越来越多的领域与事物开始利用 3D 打印技术。3D 打印不是想象中的技术，而是真真实实可以运用在社会生活中各方面的技术，目前已有了一定的成绩。

1. 医学应用

近几年来，3D 打印技术在医学领域取得了迅速发展，从义肢、牙齿到骨骼、器官等，不仅让患者能够实现个人身体部分器官或组织替换，也让医生更加专注"对症"治疗的手段，每位患者都可以找到自己独一无二身体结构的替代品。

（1）组织器官代替品制作。

3D 打印人体组织器官的一般要求很高，难度很大。但是目前也有一些成功的案例，例如制作人体的骨骼、义肢等。图 1-3-1 是 3D 打印义肢。在我国的医疗领域，3D 打印义齿这项技术已经较为成熟。目前，国内口腔界已能利用 3D 打印技术打印出义齿基托，重建树脂颌骨及义齿，过程并不复杂。首先用 3D 扫描仪对患者口腔进行扫描，建立数字化牙齿模型，然后 3D 打印机根据接收到的数据模型进行打印。制作一颗全瓷种植牙需要十多分钟。身体的软组织器官打印亦取得了进展。据报道显示，已经利用 3D 打印技术制作出人造耳朵，与患者的另一侧健康耳朵几乎看不出来区别。多国的研究人员利用 3D 打印技术，制作出可以替代的人造血管，并且试验在动物体内取得成功，正在研究应用于人体。在解决血管

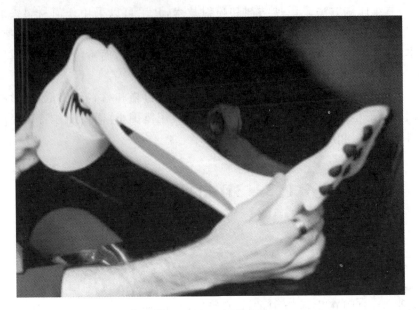

图 1-3-1　3D 打印义肢

与人体融合问题的同时,还要解决血管排斥的问题。血管是人体组织 3D 打印首先要解决的问题,因为任何一个人体组织,都要由血管提供血液来维持。当然,该技术的不断进步和应用也有助于解决人类血管病面临的问题,例如,用 3D 打印的血管,替换已经堵死的人体血管等,为更多的患者提供便利与希望。人体肝脏等一些组织和器官的 3D 打印也都在研究之中。

(2)脸部修复与美容。

利用 3D 打印技术制作脸部损伤组织,如耳、鼻、皮肤等,可以得到与患者精确匹配的相应组织形状,恢复患者的容貌,如用 3D 打印技术制作钛合金的部分头盖骨,为患者重新塑造头部完整形象。

3D 打印也有应用于美容的案例,用 3D 打印制作的支架,替换人体的原生骨骼,使脸形更美丽。方法是首先扫描脸部建立起 3D 数据模型,医生与患者商量,制作美容后的效果,确定后,用 3D 打印制作出支架,通过手术进行替换。该方法美容的效果更精确,令患者满意。随着 3D 打印技术的进步,以及美容市场的壮大,脸部修饰与美容应用将会有更加广阔的空间。

2.生活设计应用

(1)3D 打印服装。

设计师 Maria Alejandra Mora-Sanchez 与 Cosine Additive 合作推出了一条可扩展的 3D 打印裙子 Loom(见图 1-3-2)。最近,凭借新裙子 Loom,这名年轻的创客赢得了许多人梦寐以求的詹姆士·戴森设计奖(一项国际性的工程设计奖)和红点奖(源自德国的工业设计奖)。

图 1-3-2　3D 打印裙子 Loom

(2)3D 打印汽车。

比利时 16 名工程师在三周时间内就设计并通过 3D 打印制作出一台时速可达 141 km 的赛车,名为"阿里翁"(见图 1-3-3)。这是一辆质量为 280 kg 的电动环保赛车,也是世界上首辆 3D 打印赛车,加速至 100 km/h 只需 4 s。

图 1-3-3　3D 打印的赛车

项目小结

本项目主要介绍了 3D 打印的基本原理,3D 打印的优势和不足,3D 打印常见的 5 种方法,并列举了一些 3D 打印的应用,最后还介绍了该技术在目前人类社会生活当中的应用实例。通过本项目的学习,学生可逐步了解 3D 打印的基本原理以及该技术本身的优势与局限。

项目二　创客的概念和要求

随着"大众创业,万众创新"的号召,创客事业在我国兴盛起来。"创客"是新时代下一群引领科技时尚潮流的人,反映着人类追求自由与创意的美好向往。随着创客群体的出现,创客空间的概念也逐渐进入人们的视线。

通过对本项目创客以及创客空间的学习,学生能够了解这两个新的概念,认识到创客在目前科技创新发展中的重要作用,并且能够将"创客"与上一项目所学的"3D打印"结合起来,充分理解两者之间的联系。

项目目标

(1)了解创客的概念和任务。

(2)掌握3D打印在创客空间中的作用及重要地位。

知识目标

(1)熟悉"创客空间"的概念,以及创客空间为创客提供的帮助。

(2)理解创客理念以及创客的发展状况。

(3)了解创客所需要的技术支持,以及3D打印能提供的服务。

能力目标

(1)能具体分析3D打印为创客提供创新手段、拓展产品创意的过程。

(2)熟悉、掌握3D打印对创客起推进作用的方法和步骤。

任务 2.1　创客的基本概念和任务认知

 任务描述

介绍创客的基本概念和内涵,创客在伟大的创新科技变革中所起到的作用。

 知识准备

1. 创客理念

技术的进步、社会的发展，推动了科技创新模式的嬗变。传统的以技术发展为导向、科研人员为主体、实验室为载体的科技创新活动正转向以用户为中心、以社会实践为舞台、以共同创新和开放创新为特点的用户参与的创新 2.0 模式。而 Fab Lab 及其触发的以创客为代表的创新 2.0 模式，基于个人通信到个人计算，再到个人制造的社会技术发展脉络，构建以用户为中心的、面向应用的、融合了从设计、制造，到调试、分析及文档管理各个环节的用户创新制造环境。

创客与其说是一种称呼，不如说是一种信仰，科技发展不仅可以改变个人通信方式，也会改变个人设计、个人制造。一旦创新成为信仰，一切险阻都将化为坦途上的一个障碍。创客是用行动做出来的，而不是用语言吹出来的。创新不断帮助人类解决各种社会矛盾，持续提高人类的生活水平。

2. 影响创客的因素

创客在创新过程进展中的效率与效益大小受到诸多因素的影响，初步分析主要包括以下几个方面。

（1）良好的创客文化氛围可以催生出更多的创意和想法：在政府的带动下，"大众创业、万众创新"不再是一句口号，中国社会已经形成一股创客潮流，也将会形成日趋浓厚的创客文化氛围。创客文化实际上反映了一种热情甚至是激情，它激励着创客们把好的创意、想法变成现实，这是创新驱动。创客间的有效沟通交流可以使作品日趋完美，千千万万创客和消费个体共同合作，其成效可以和大公司开发的产品相媲美，这就是创客的魔力。

（2）优秀的产品开发必然离不开创客发展所需要的良好的"土壤"：创客活动是基于桌面工厂的创新模式、基于互联网的商业模式和基于众筹的融资模式及以上三种模式的有机融合。全力打通三模式，实现模式内的协同运作以及模式间的无缝衔接有助于培育肥沃的"土壤"。支持创客空间的设立，为创客空间减免租金，对符合条件的单个创客空间予以援助；支持创客空间完善设施，提升服务功能和服务能力；优先保证创客空间的用地和用房，政府产权用房优先用于创客空间的建设发展，这些也都是肥沃"土壤"的体现，现在还出现创新的形式，都在促进创客的发展。

（3）创客人员整体素质的提升是创客成功的有力保证：通过建立一站式人才培养机制，通过导师讲座、沙龙等方式，为创客及团队搭建分享经验、拓宽人脉的新渠道，提供交流互动和共同成长的机会。真正的人才已经不能靠一张劳动合同的契约来进行约束和管理，而是靠共同的愿景和梦想，以及事业的平台和机制。在这个创客的时代，努力培养真正的人才，提高创新创业成功率才是创客的价值

所在。

3. 创客的发展状况

创客是一群喜欢或者享受创新的人,追求自身创意的实现,至于是否实现商业价值、是否对他人有帮助等,不是他们关心的重点,创客空间就是为创客们提供实现创意、交流创意思路、产品的线下和线上相结合、创新和交友相结合的社区平台。

创客最早起源于麻省理工学院(MIT)比特和原子研究中心(CBA)发起的 Fab Lab(个人制造实验室)。Fab Lab 基于对从个人通信到个人计算,再到个人制造的社会技术发展脉络,试图构建以用户为中心的、面向应用的,融合从创意、设计、制造,到调试、分析及文档管理各个环节的用户创新制造环境。发明创造将不只发生在拥有昂贵实验设备的大学或研究机构,也将不仅仅属于少数专业科研人员,而有机会在任何地方由任何人完成,这就是 Fab Lab 的核心理念。Fab Lab 网络的广泛发展带动了个人设计、个人制造的浪潮,创客空间应运而生。

国内创客空间属于初创阶段,创意来源也主要来自国外的开源网站,还没有形成有显著特色的、可持续发展的模式。除了个别创客空间属于综合性平台之外,创客空间的专业化趋势在所难免,创客空间本身的商业模式和运行模式也正在探讨和摸索中。

任务实施

1. 创客的基本概念和内涵

创客中,“创”即创造,“客”指的是从事某项活动的人,所以,所谓的“创客”指的就是勇于创新,努力把自己的创意变成现实的人。这个词来自于一个英文单词“Maker”,源于美国麻省理工学院微观装配实验室的实验课题,此课题以创新为理念,以客户为中心,以个人设计、个人制造为核心内容,参与实验课题的学生即为“创客”。“创客”特指具有创新理念、自主创业的人。

创客的范围很广泛,各行各业中,大到设计师、艺术家、工程师等,小到电子爱好者、DIY 爱好者、自由职业者,等等。只要心中有想法、有创意,并热衷于自己动手发明创造,便可称为一名创客,所以说,人人皆可为创客！他们是一群有梦想、有创意,并以此为乐,甚至是以此为生的人,他们有一个很明显的特征是,注重突出创意和对生活的态度。可以说,创客是一种生活方式,他们是未来的创造者。

创新是新时代社会发展的需求。每个时代影响和推进社会发展的先进人才模型,本身是不断变化的,就像是一场接力比赛。所以,在新工业革命时代,很多人看好创客将成为下一个推动社会发展的社会群体。这个群体不同于“创业者”,他们始于兴趣热情,是社会当中的一大部分人群,社会对他们没有苛刻的要求。

由“创客”引申出来的“创客文化”,是一个发展过程中的概念,总体上它是创客圈子里一种信仰上的共识:我喜欢做一些新的东西,我很享受做东西的过程;我希望把东西分享出去,以结识更多的朋友,所以我得把这个东西变成一种产品、服务和方案;我尊重知识产权,但是并不希望它仅仅属于我一个人;我期望能够经营我的个人品牌,最终实现思想和双手的自由。这是关于创客文化的"大白话"的总结,也真实地描述了很多狭义创客的生活状态和内心世界。

2. 创客的分类和模式

(1)创客的分类。

创客的共同特质是创新、实践与分享,但这并不意味着他们都是一个模子里铸出来的人,相反的是,他们有着丰富多彩的兴趣爱好,以及各不相同的特长,一旦他们聚到一起,相互协调,发挥各自的特长时,就会爆发巨大的创新活力。创客有下面几类。

◇创意者。

他们是创客中的精灵,他们善于发现问题,并找到改进的办法,将其整理归纳为创意和点子,从而不断创造出新的满足需求的产品。

◇设计者。

他们是创客中的魔法师,他们可以将一切创意和点子转化为详细可执行的图纸或计划。

◇实施者。

他们是创客中的剑客,没有他们强有力的行动,一切只是虚幻泡影,而他们很强的执行力,能把各种资源进行整合,达成目标。

(2)创客的模式。

创客模式是指结合不同的创客要素,通过要素间不同的配置来实现不同的组合模式。目前的创客模式主要有以下三类。

①以个人为主体的个体创客模式。

这种模式出现于创客早期,科技爱好者出于对某一项发明的热爱,将自己的车库等空间改成一个实验室,在这个小实验室内完成创造的整个过程。他们不为将产品商业化,仅仅出于对创造的激情与热爱,这是创客最根本的精神。然而这种模式由于缺少与外界的沟通,创造出的产品也只是一些科技爱好者偏爱的东西,极有可能不适用于现实生活。随着创客的发展,出现了更加开放的模式。

②以群体为主体的创客空间模式。

这种模式的普遍特点为一群人共有一个空间,空间内的创客可以实现较好的交流与沟通。目前国内知名的创客空间有深圳柴火创客空间、成都创客空间、上海新车间、南京创客空间等。创客空间是人们能分享创意、合作、实践、创造的地方。创客空间作为开源社区的一种,可作为创造新事物的实验室、厂房、工作坊、工作室等,创客能在此聚集,一起分享经验和知识,同时还能举办聚会、演讲、讲座等活动。创客空间为内部成员提供地点以及设备来保证他们个人项目的进行,或者集体项目的推进。

③以网络为主体的创客平台模式。

这种模式利用互联网信息共享、互联互通的优势,发掘内部潜力,利用外部资源,跨界扩展到全行业、全要素,打造线上线下相结合的创客模式。该模式通过线上网络实现线上信息共享,通过线下运营实现线下需求对接,并通过产品开发步骤的网络讨论,在设计、研发、生产进行全方位的协商、协助与协作,最终制造出产品。其中"互联网金融+创客"很好地解决了创客的资金问题,使创客可以更加专注于产品研发,也可以使独具慧眼的投资人获益。这种模式符合互联网时代的潮流。

3. 创客需要的支持

(1)社会力量的支持很重要。

创客是新时期下社会发展的产物,它符合可持续发展的要求,而且能极大地推动社会发展,所以,创客需要得到社会力量的支持,即社会上认可这个群体的存在,并更大程度地鼓励、支持、帮助他们。不可否认,现阶段的中国,创新型人才还比较欠缺,全民的创新意识还有待提高。真正的创新性社会不是依靠社会少数人为代表的精英组成的舞台,而是社会全体大众共同创造的过程。对创客的支持,不光体现在口头,更需要落到实处,创造一个适合于创客生存和发展的土壤。

(2)政府的政策、经济支持。

在我国,一项新兴运动的兴起,政府的作用无可置疑。由创客领衔的"创客运动"在席卷全社会的情况下,政府应该给予一定的支持。而一项政策的实施则是规范全体公民的一份行为准则,应该制定一项怎样的政策来更大程度地推广这项运动,是政府应该思考的重要问题。除政策支持外,经济支持也不容忽视。大多数创客都是普通群众,并没有足够的金钱和其他资源去支持自己持续的投入产品研发,这需要政府、社会力量的支持和帮助。美国政府早就以实际行动支持了创客的发展,美国总统奥巴马在 2012 年宣布,将在四年期间,在美国 1000 所中学里建立创客空间,将创客培养往前推。我国多级政府也不同形式地给予了创客一些政策和经济上的支持。

(3)技术支持。

人人皆可为创客。对于大多数创客而言,创造始于热情与兴趣。他们脑袋里有自己的创意和想法,但是他们并没有规范、系统地学习过相关的知识,缺乏完成创意或实现产品的技术水平和能力,依靠他们自己的力量,很难完成一件很好的作品。社会需要给他们实现想法的技术支持。

(4)资源支持。

除了技术之外,还有一个就是资源的欠缺。所谓的资源,即创客们需要的一个平台,在这个平台里面,他们可以得到自己想要的东西,市场需求、制作工具诸如此类的。

（5）人员支持。

找到一群志同道合的朋友也是创客必不可少的，每位创客都有自己的创意和想法，但是不能自顾自地沉浸在自己的世界里，不然只会一成不变，一开始的创新最终也会变成自己固有的思想。创客需要一群可以探讨的朋友，大家相互之间可以碰撞出思想的火花，分享各自的想法。

从"创客"到"创新"是一条很长的路，从一开始的想法，到做出用户认可的产品，还需要技术、资源、资金等一系列的支持。

任务 2.2　创客空间的基本要求

 **任务描述**

介绍创客空间的概念，及其对创客的帮助，然后介绍国内几个有名的创客空间。

知识准备

创客空间对创新创业发展的推动作用。

1. 促进创业资源对接

产品、资金、人才、市场、客户等资源是创业项目成功的关键，创客空间正成为创新创业资源的对接平台。在创客空间这个平台上，创客们可以充分、有效地利用各种资源，在各种创客们个人不了解、不熟悉、不擅长的方面，获得专业的指导和帮助，缩短创意变成产品的时间，降低开发费用，从而提高了创新创业的成功率。

例如，北京创客空间依托社会网络，逐步构建了涵盖创业资金、工业设计、技术开发、供应链条等的创业资源对接平台，为创业活动顺利开展扫除障碍。以供应链资源为例，北京创客空间与专业小批量生产制造商 SeeedStudio 建立联系，为创业者对接产品制造资源；与第一财经等诸多媒体沟通，为创业者提供产品宣传服务；与京东预售平台合作，为创业者提供产品销售渠道等。

2. 支持创业团队的组建

只有搭建一支有创业精神和战斗力的创业团队，才能有效整合创业所需的资源，制定可行的商业计划，带领企业快速成长。北京创客空间通过组织技术沙龙、创客分享会等创新社区活动，促进了创新创业者之间的交流互动，不少创客在创客空间组织的活动中互相结识，并迅速达成合作意向，组建创业团队。

3. 支撑创业项目开发

为创业项目提供多方面的支持。互联网硬件创业项目的开发速度与产品品质是决定创业成败的关键。北京创客空间结合硬件创业项目的实际需求，为从想法提出、最小功能原型、完整工作原型、可生产原型、小批量生产直到大批量生产等阶段的项目开发提供专业咨询、支持和服务，还设立了专门产业基金，帮助创业者成功创业。

4. 促进创新文化发展

创客空间机构的作用在于催生一个乐于参与的文化。北京创客空间每周举办工作坊和技术分享会，每年举办嘉年华活动，吸引全国创客参加，展示创客自己的创意，促进创新创意产品生成。同时提供柔性制造设备，支持发明者以极低的成本进行研发，助力每个有梦想有创意的人成为成功的创客。这将激励越来越多的人参与创新，充分释放全民巨大的创新潜力，形成人人参与创新的社会文化氛围。

 任务实施

1. 创客空间的概念和内涵

创客空间（hacker space）是为努力将创意变为现实的创客们提供的平台，它是一个实体空间，在这里的人们有着相同的兴趣，一般是在科学、技术、数码或电子、艺术等方方面面有相同的爱好，人们在这里聚会、活动与合作。创客空间可以看作是开放交流的实验室、工作室、机械加工室，这里的人们有着不同的经验和技能，可以通过聚会来共享资料和知识，以便创作他们想要的东西。这些用来提供创意的空间已逐渐成为艺术家、工程师、科学家，或是任何一位想将灵感、想法和创意结合的人梦寐以求的场所。

全球第一家真正意义上的创客空间诞生于 1981 年的柏林，目前全球已有无数创客空间，并以空前的速度在快速增长。创客空间的大量出现，是一个促进创新创业的大好事。国外著名的创客空间 TechShop 和 Noisebridge，它们代表了创客空间两种典型的风格。TechShop 是美国最大的创客空间，属于商业连锁机构，主要通过会员费和课程费盈利，实行严格的会员制，并不免费对外开放，非常规范化。而 Noisebridge 则更加自由开放，是一个非盈利的创客空间，创客无须缴纳任何费用即可进入里面学习、探讨。

创客群体已成为全球新工业革命的新助力器。在互联网的推动下，个人创客又逐渐汇聚成一个个社群，从而形成创客空间。创客空间所扮演的角色，就是一个吸纳人才与技术的熔炉，让有想法、求实现的人们组成团队，不断产生新的产品、作品。可以说，创客空间，就是一个梦想实验室。

国务院办公厅印发的《关于发展众创空间推进大众创新创业的指导意见》首次对众创空间进行了定义，众创空间是指顺应创新 2.0 时代用户创新、开放创新、

协同创新、大众创新的趋势,把握全球创客浪潮兴起的机遇,依托互联网应用、适应创新 2.0 环境和网络时代创新创业的特点和需求,通过市场化机制、社会化运作、专业化服务和资本化途径构建的低成本、便利化、全要素、开放式的新型创业服务平台的统称。该平台为创客提供工作空间、网络空间、社交空间和资源共享空间。

创客空间发挥政策与资源的集成协同效应,实现创新与创业相结合、线上与线下相结合、孵化与投资相结合的一个开放式的创业生态系统。类似的"开放式的创业生态系统"国外称为"创客空间",不叫众创空间,其实两者具有相同内涵。"创客空间"源自国外,在国外通常叫:makerspace、hackerspace、hackspace、hacklab、creative space 等等。它是一种全新的组织形式和服务平台,通过向创客提供开放的物理空间和原型加工设备,以及组织相关的聚会、学习、讨论,提供实现创新研发的工作坊,从而促进知识分享、跨界协作以及创意的实现,以至产品化。全球知名的"创客空间"诸如 c-base e. V.、Metalab、TechShop、FabLab 等。经过多年的发展,国内外已经把"创客空间"这个模式推到了一个比较成熟的阶段,并对科技创新产生了深远的影响。后来,"创客"的概念被引入中国,也逐渐诞生了类似的场所。国内第一个"创客空间"是 2010 年诞生于上海的新车间,类似的还有北京创客空间、深圳柴火空间、杭州洋葱胶囊等。我国的相关文件明确将"创客空间"和"孵化器"作为众创空间的两种主要表现形式。

2. 创客空间的特点与作用

1) 创客空间的功能特点

创客空间是在现有孵化器和创业服务机构的基础上打造的一个开放式创业生态系统。创客空间的概念外延与孵化器略有重叠,但比后者范围更大。

创客空间的功能特点是:

(1)低成本与开放性。面向所有公众群体开放,采取服务部分免费、部分收费,或者会员服务的制度,为创新创业者提供相对较低成本的成长环境。

(2)互助与协同性。通过沙龙、训练营、培训、大赛等活动形式,促进创新创业者之间的交流和建立生态圈子,共同的办公环境能够促进创新创业者之间的互帮互助、相互启发、资源共享,达到协同进步的目的,通过"聚合"产生"聚变"的效应。

(3)共享性。团队与人才结合,创新与创业结合,线上与线下结合,孵化与投资结合。

(4)便利化。通过提供场地、举办活动,能够方便创新创业者进行创意碰撞、观点分享、产品展示和项目路演等。此外,还能向初创企业提供其在萌芽期和成长期的便利,比如金融服务、工商注册、法律法务、补贴政策申请等,帮助其健康而快速地成长。

(5)"全要素"创新。提供创新创业活动所必需的材料、设备、设施以及创意、创新和创业方案等"全要素"创新创业服务。

2)创客空间的作用

(1)激发经济增长新动力。

创客空间的核心价值不在于办公场地的提供,而是在于其提供的辅助创新创业的服务。一方面,这些服务对于初创业者是极大的帮助,能促使创业成功;另一方面,这也是创客空间生存的方式,提供场地,收取费用,维持创客空间的运行。创客空间出现了很多生存型创业,其中包括大量草根创业,比如淘宝村,他们都是创客空间的服务对象。创客空间顺应创新2.0时代推动"大众创业、万众创新",构建面向大众的创新创业服务平台,对于激发亿万群众的创造活力,培育各类青年创新人才和创业团队,带动扩大就业,打造经济增长新的动力具有重要作用。

(2)促进"双创"生态系统形成。

创新创业生态有四个特征:新产业引领、多技术方向创业试错、产业跨界、爆发式增长。创客空间可以促进创新生态形成,推动经济出现爆发式成长。创客空间的本质就是多方向的试错,这不是政府决定的,而是创业者做出来的结果。以创客为代表的创新2.0模式,试图构建以用户为中心的,面向应用的,融合了从创意、设计,到制造的用户创新、开放创新、大众创新和协同创新全元素的"双创"生态系统。

3. 创客空间为创客提供的帮助

在创客空间这样"封闭"的环境里面,会逐渐衍生出一种文化,也就是我们所称的"创客文化"。文化是天地万物信息产生融汇渗透的过程,是精神文明的保障。在创客空间里面,创客们最重要的是找到自己的那份精神向导——志趣相投的人。

(1)创客空间首先是一个精神空间、文化空间,其次才是一个物理空间。有别于一般的工作室,创客空间是一个可以提供学习、培养合作态度、解决问题与自我展示的地方。创客聚会时,各种软硬件高手们、设计师们、DIY爱好者们喜欢自己动手研究、制作各种物品,这些创客还会根据兴趣成立各种小组,比如嵌入式开发、机器人、编程等各种小组。

(2)创客空间是创客们交流学习的一个平台,也是技术积累的场所。可以为创客提供一定的技术指导和资源,从发展趋势看,创客空间已经成为技术创新活动开展和交流的场所,也必将成为创意产生、实现以及交易的场所,从而成为创业集散地和集中地。

(3)创客空间是为创客们提供服务的平台。一方面创客空间是比传统意义上的孵化器门槛更低、更便捷,为草根创业者提供成长和服务的平台;另一方面创客空间不仅是创业者理想的工作空间、网络空间、社交空间和资源共享空间,还是一个能够为他们提供创业培训、投融资对接、商业模式构建、团队融合、政策申请、工商注册、法律财务、媒体资讯等全方位创业服务的生态体系。创客空间适应创新2.0时代用户创新、大众创新、开放创新、协同创新的趋势。现阶段,我国的创业与国外的稍有不同,是政府号召、鼓励、支持下的创业,创客空间也就变成了众创空间,重点在于众创,而不在空间。"众"指大众参与,而非仅精英参与;"创"不仅指创新创业,还应包含创意创投,泛指创业服务的全生态链条。

(4)创客空间是为创客们提供创客活动的"工作"平台。创客的主要活动都是以创新为主轴展开,从一个想法、一个创意,变成一个样品或产品,中间要经过无数的设计、制造、组装、反复修改,这其中的每一步,每一个过程,都需要设备、软件、工具、人员,在创客空间,备有常用的设备和工具(如 3D 打印设备等),可供创客方便、快捷、便宜地使用,为创新提供一个"工作"平台。

创客空间除了能为创新创业者提供平台和"工作"空间,更多的是提供一种全要素、专业化多维的创新、创业生态服务;呈现出"新服务、新生态、新潮流、新概念、新模式、新文化"等特征,不仅为创新创业者提供创业活动的聚集交流空间,而且可以按需提供个性化的创业增值服务。

4. 创客空间及运营

(1)创客活动所需场所。

一般来说,创客空间一定要拥有一个物理空间,里面能容纳一定数量的工作台,以便创客们开展创新制作,最好有办公室,方便创客办公、讨论、开会之用,要有空间放置一些常用的设备和加工工具,还需要一定的空间来放置存放创客的作品、半成品的储物柜。

(2)提供足够全的工具。

在创客空间里,创客们要自己动手,使用各类设备和工具,完成创意样件的试制,将想法变成实物,将创意实现出来。这里一般有常用的设备和各类工具,如 3D 打印机、焊台、万用表等工具是部分创客空间的标配。有条件的创客空间还配备有小型的激光切割(雕刻)机,小型车床、抛光机等;除组合工具箱外,还应该有老虎钳、焊锡用电烙铁、裁纸刀,等等。当然,创客空间中,常用的设备和工具越全越好。

(3)运营模式。

创客空间本身是一个带有一定公益性质的组织机构,一般不以盈利为目的,但创客空间一定要有自己的运行方式,以便生存。创客空间收入来源可以有以下几个方面:①会员费和赞助费;②开设课程的收入;③代售常用材料、工具的收入;④活动和工作坊面积出租收入;⑤孵化成功项目分红收入;⑥代理服务收入。

以上的收入来源仅仅是能够让创客空间发展下去,做到自给自足,自我造血。

(4)创客空间实例。

下面看看深圳柴火创客空间在某一时间段的运行、收费情况。

柴火是一个中立的不以盈利为目的的组织,是由深圳矽递科技有限公司牵头成立,靠第三方赞助、会员会费和捐赠、工作坊收租、寄卖创客作品以及场地对外租借的形式来获取经费,维持自身运营。

①会员分类:体验会员、普通会员、升级会员、VIP 会员。

②各类会员收费及权益。

✍体验会员:20～100 元/次(根据创客自己的情况自愿支持柴火空间)。

参与柴火各类收费工作坊或分享会,每次收取临时费用 20～100 元,工作坊中制作的成品可自行带走;若当次工作坊成本较高,则会提前公布活动费用。

✍普通会员:168 元/月;一次性缴纳半年会费可享受 9 折优惠,907 元/半年;一次性缴纳全年会费可享受 8.8 折优惠,1774 元/年。

• 空间开放时间:周二至周五,19:00—21:00;周六至周日,14:00—18:00。

• 可免费使用空间工作坊及空间提供的大部分工具和材料。

• 信息交流区的使用(部分需付费使用)。

• 申请举办工作坊。

• 参加柴火会员专属聚会。

• 沙龙、创意区的自由进出和使用(二楼有固定桌子的会员区除外)。

• 参加柴火举办的各类活动。

✍升级会员:512 元/月＋每月 4 小时柴火创客空间贡献;一次性缴纳半年会费可享受 9 折优惠,2765 元/半年;一次性缴纳全年会费可享受 8.8 折优惠,5407 元/年。

• 空间开放时间:周二至周五,13:00—21:00;周六至周日,11:00—20:00。

• 此类会员无固定桌子使用,可在除二楼以外的操作台、露台等地办公,若柴火有工作坊开展,此类会员需让出操作台。

• 可免费使用空间工作坊及空间提供的大部分工具和材料(部分需付费使用)。

• 信息交流区的使用。

• 申请举办工作坊。

• 参加柴火会员专属聚会。

• 沙龙、创意区的自由进出和使用(二楼有固定桌子的会员区除外)。

• 参加柴火举办的各类免费工作坊和付费工作坊。

• 成为全球创客的一份子!

✍VIP 会员:1024 元/月＋每月 8 小时柴火创客空间贡献;一次性缴纳半年会费可享受 9 折优惠,5530 元/半年;一次性缴纳全年会费可享受 8.8 折优惠,10813 元/年(但需缴纳 1000 元押金)。

• 有固定桌子会员仅限 4 人,且从事的行业需与柴火的方向性一致。

• 空间开放时间:24 小时×7 天。

• 独立的二楼阁楼办公场所,独立且固定的办公桌,并配 50 cm×50 cm×50 cm 储物柜一个,享受优质的创业氛围。

• 参加柴火举办的各类免费工作坊和付费工作坊,付费工作坊可享 8 折优惠;可免费使用空间工作坊及空间提供的大部分工具和材料(部分需付费使用)。

- 信息交流区的使用。
- 申请举办工作坊。
- 参加柴火会员专属聚会。
- 沙龙、创意区的自由进出和使用。
- 参加柴火举办的各类免费工作坊和付费工作坊。
- 成为全球创客的一份子。
- 积累创业资源(投资,人脉,团队等等)!

(5)创客空间活动实例。

下面介绍柴火空间组织的一次创客活动的情况。

题目:柴火超轻黏土工作坊正式开坊! 首期活动——动感小精灵。

活动详情如下。

时间:12月25号星期日下午14:30。

地点:柴火创客空间(南山区南海大道东华园5栋728号)。

主题:用电机和黏土DIY能够转动的小卡通摆件。

参加人员:所有对DIY黏土有兴趣的大小朋友。

费用:选择减速电机,30元/人;选择未减速电机,20元/人(学生可享5元优惠)。

现场提供材料:超轻黏土、未减速电机、减速电机、电池盒、面包线、九字针等(自带自己喜欢的卡通图案,初学者最好不要选择太复杂的卡通形象)。

5.国内创客空间实例介绍

国外的创客空间经过长期的发展,已有一定的规模,而且比较成熟。但创客空间在我国还是比较新鲜的事情,下面我们来看看国内创客空间的发展状况。国内的创客空间属于初创阶段,创意来源也主要来自国外的开源网站,目前还没有形成有显著特色的、可持续发展的模式。下面介绍一下国内几个有代表性的创客空间。

1)上海新车间

作为国内第一个创客空间,上海新车间(见图2-2-1)成立于2010年10月,是向硬件高手、电子艺术家、设计师、DIY爱好者们提供的一个开放式社区。由于它本身叫车间,所以可以提供一批基础设备。在这个新车间里,志趣相投的人可以一起拆装各种电子设备,还可以共同实现自认为不错的创意和想法,创客空间则向各位会员提供编程、嵌入式开发等各种类型的研讨会和培训班。此外也提供融资和管理平台,支持人们实现自己的创意和项目。创始人李先生说过:"不管时代怎样发展,创客的原动力仍然来自于对动手制作的热爱,这种纯粹的激情是不会被异化的。"

2)深圳柴火创客空间

柴火创客空间(见图2-2-2)的寓意是"众人拾柴火焰高",它是由国内最大的开

图 2-2-1　上海新车间

图 2-2-2　深圳柴火创客空间

源硬件厂商深圳矽递科技有限公司于 2011 年成立的。为创客提供自由开放的协作环境,鼓励跨界的交流,促进创意的实现甚至产品化。空间提供基本的原型开发设备、电子开发设备、机械加工设备等,并组织创客聚会和各种级别的工作坊。柴火创客空间现在拥有开源硬件、Linux 及嵌入式开发、物联网、绿色能源、城市农场等多个主题,并在不断完善、增加中。

3）北京创客空间

北京创客空间（见图 2-2-3）成立于 2011 年 1 月，是国内规模最大的创客空间之一。创客空间致力于打造"众创＋产业＋互联网＋"新业态，让所有有想法的人都可以通过创造实现想法。2013 年 8 月，北京创客空间启动了创新型孵化器，为做软硬件结合项目的团队提供场地、工具、技术支持、创业辅导等帮助。

图 2-2-3　北京创客空间

任务 2.3　3D 打印与创客空间

 任务描述

创客空间是一个充满创意和幻想的空间，在这里可以发生无限的可能，3D 打印是新工业革命下快速发展的技术，两者巧妙结合，可以碰撞出更多创意的火花。本任务介绍两者之间的相互作用和联系。

 任务实施

1.3D 打印在创客空间的作用

上面介绍的创客就是努力把自己的创意变成现实的人，从创意到实现创意是一个质的飞跃，从创意产品到形成商业模式，又是一个质的飞跃，每一个飞跃都不容易，也都存在一定的困难。人人皆可为创客，这句话一点不错，但是很多人还是

会觉得创意与现实之间存在一条条鸿沟,但是如今随着 3D 打印技术的日益发展与普及,创客的门槛再一次降低,3D 打印为创客提供了更为强大、便利、快捷的新手段。

3D 打印能为创客提供新的制作手段:在前面的介绍中,我们已经看出 3D 打印有其独特的特点,有着非常广阔的应用前景。在未来,产品定制化将越来越成为常态,实现产品创新的速度也因此在加快,运用 3D 打印能够极大地缩短把产品概念转化为成熟产品的设计、开发、制造的时间,节省开发费用,同时,设计人员将能够专注于产品的功能和外观,而不必要顾虑到产品的制造过程。

3D 打印技术可以为创客提供创新的动力:3D 打印提供便捷的手段和全新的工具,拓展产品创意与创新空间,设计人员不再受传统工艺和制造条件、资源的约束,专注于产品形态创意和功能创新,极大地降低产品研发创新成本、缩短创新研发周期。由于简化或省略了工艺准备,缩减或改变了开发试验、验证等环节,产品数字化设计、制造、分析高度一体化。从创意到产品的整个过程变短,时间节省,费用减少。

3D 打印本身提供了创客成功的领域:创客在 3D 打印机和开源硬件的发展过程中起到了非常关键的作用。创客通过各种活动,对 3D 打印机进行了大量研究、改进、应用,以及科普宣传,让更多的人认识 3D 打印机。创客通过不断地完善 3D 打印机,促进了 3D 打印机技术的进步。

通过使用 3D 打印机和开源硬件,创客们可以更加快速、低成本地进行发明创造,这也进一步推动了创客运动的发展,让更多的人成为创客中的一员。

2.3D 打印在创客和创客空间的重要地位

3D 打印,让个性化的生产变为可能。《纽约时报》《福布斯》等主流媒体先后从工业、商业、信息产业等多方面强调了 3D 打印的重要性。2012 年初,美国政府规划四年内在 1000 所学校引入"创客空间",配备 3D 打印机和激光切割机等数字制造工具,通过实践培养新一代的设计师和生产创新者。2015 年,我国第一次将"创客"写入政府工作报告,确定支持发展"众创空间",为创新创业搭建平台,致力于预测影响全球教育领域的教学、学习和创造性探究新兴技术的新媒体联盟地平线报告,更是连续两年在基础教育、高等教育和图书馆教育的三个版本中,将教育应用中主流技术的重要进展聚焦到 3D 打印上。

创客教育也逐渐得到人们的重视。发达国家的 3D 打印技术早已进入教育领域。美国几乎所有的大学、中学、小学都开设了 3D 打印创客课堂,通过 3D 打印技术的教学,对青少年进行创新意识、技术手段的培养,3D 打印成为了"美国智造"的有力手段。

实现虚拟世界与实体世界的有机结合,3D 打印进校园将使得学生在创新能力和动手实践能力上得到训练,将学生的创意、想象变为现实,将极大地发展学生动手和动脑的能力。

在数学课上,打印出一个几何体的模型,便可以更直观地帮助学生了解几何内部各元素之间的联系,解析几何的学习将更轻松;在化学课上,老师可以将分子模型打印出来展示,更有利于学生理解化学反应过程。

3D 打印创客课堂可以给孩子的"学习方法"带来新的思考,让抽象的教学概念更加容易理解,可以激发孩子对科学、数学,尤其是工程和设计创意的兴趣,带来实践与理论、知识与思维、现实与未来三方面的相互结合。

想象一下,坐在一边听着悠扬的音乐,书桌上一台 3D 打印机正忙碌着,正把在电脑上规划、设计出来的虚拟电子部件打印出来,再安装几个电控部件,一辆精致的自动驾驶模型车就栩栩如生地运行起来了。

3. 3D 打印正在帮助创新者成为创客

先用实际案例来说明 3D 打印对于文化创意产业的影响。纽约一位在百老汇从事道具制作的设计师,设计道具模型,然后交由 3D 打印机制作。所有工作完成之后,他将设计文档上传至网络,并且免费共享,拥有 3D 打印机的任何人都可以从网络上下载文档,打印出来,经过打磨、上色,便完成一件自制作品。美国一些家庭的孩子从小便学会使用 CAD 或者 Autodesk 123D,尽管他们并不知道这些图案、字母所包含的准确意思,但他们会运用 3D 打印机制作玩具模型,一些学生就这样依靠自己制作出了作品。

再举一个积木的实例。一些设计者,将设计积木玩具的电子文档放到网络上,有的可以免费下载,有的需要付费下载,或者通过交换下载。这样喜欢这些玩具,也有条件的孩子,就能够自己制作喜爱的玩具了。如果你是玩具生产商,听到这个消息,这恐怕会令你感到惶恐,因为这些孩子再也不会去沃尔玛这样的商场购买流水线生产的成批玩具了,而是自己下载设计、修改、打印、打磨、上色。目前来看,尽管这些玩具比不上生产商制造的精致,但孩子总是对自己亲自动手制造的玩具比对量产的玩具珍惜得多,何况他们还可以在上面添加更有意义的个人标志。更重要的是,在整个活动当中人物关系的转变,孩子们由玩具的消费者转变为玩具的参与、设计、制造者,从"我买之"到"我创之"的角色变化会对他们今后的发展产生微妙而深远的影响。创造者的身份赋予他们一种新的思想——只要你敢于想象并亲自动手创造,总有途径帮助你把想法变为现实。这种人与物的关系的转变让孩子从思想到行动上都产生变化,对他们未来的发展会产生意想不到的积极作用。另外,从某种意义上来说,这样做的孩子们已经是制造玩具的小小创客了。

尽管从 3D 打印到制作完整、可用的产品还有很长的路要走,但不能否认其发展潜力和对社会以及人们生活的影响和改变。创客是一个既有思想又有创造力的群体,社会期待着他们为中国带来本质的改变。

项 目 小 结

　　近年来在我国兴起的创客运动,引发了全社会的"大众创业,万众创新",从政府到企业,都设立了"创客空间",创新创业在我国已经形成了一种热潮。

　　本项目通过对创客和创客空间概念、内涵及分类、作用等全方位的介绍,希望学生能够认识并了解这两个新生事物,认识到创客在目前科技创新发展中的重要作用;通过介绍 3D 打印技术与两者间的关系与相互帮助与支持,使大家了解到,3D 打印是创客和创客空间不可或缺的配置。

项目三 创业者的需求与 3D 打印

3D 打印技术作为一个强有力的工具,会大大地加速科技创新的步伐。3D 打印给创新带来了助力,完全解放了人们的创造力和想象力,用无与伦比的方式,将发明家、创新者从传统制造方法的约束中解放出来,拓展了发明和创新的外延,并将催生出新的、创新性的商业模式。

本项目通过对万众创业的时代特点和需求的介绍,使大家了解创新创业市场的前进方向,并通过列举 3D 打印的具体应用,呈现出 3D 打印技术为创业者带来的帮助。

项目目标

(1)了解万众创业的时代特点和需求。

(2)掌握 3D 打印可快速制作样品并易于反复修改产品设计方案的特点。

知识目标

(1)熟悉"双创"的概念,了解 3D 打印满足创业者需求的内涵。

(2)掌握 3D 打印技术快速制作设计样品的过程。

能力目标

(1)掌握应用 3D 打印技术快速制作设计样品的技术和工艺流程。

(2)通过学习,学会分析如何应用 3D 打印来满足创业者的制作需求。

任务 3.1 创新创业的特点和需求认知

任务描述

介绍"大众创业、万众创新"掀起创新创业热潮的特色和内涵,再进一步介绍创新创业是新时代的需求,创新创业的特点和需要关注的问题,最后介绍了创新创业的支持需求。

 **知识准备**

推进"大众创业、万众创新"的重要意义如下。

(1)推进"大众创业、万众创新",是培育和催生经济社会发展新动力的必然选择。

随着我国资源环境约束日益强化,要素的规模驱动力逐步减弱,传统的高投入、高消耗、粗放式发展方式难以为继,经济发展进入新常态,需要从要素驱动、投资驱动转向创新驱动;推进"大众创业、万众创新",就是要通过结构性改革、体制机制创新,消除不利于创新创业发展的各种制度束缚和桎梏,支持各类市场主体不断开发新产品、开办新企业、开拓新市场,培育新兴产业,形成小企业"铺天盖地"的发展格局,实现创新驱动发展,打造新引擎、形成新动力。

通过推动"大众创业、万众创新",释放民智民力,促使经济发展从要素驱动、投资驱动转向创新驱动,促进产业结构优化升级,为中国经济带来持续的活力。

(2)推进"大众创业、万众创新",是扩大就业、实现富民之道的根本举措。

我国有13亿多人口、9亿多劳动力,每年高校毕业生、农村转移劳动力、城镇困难人员、退役军人数量较大,人力资源转化为人力资本的潜力巨大,但就业总量压力较大,结构性矛盾凸显。推进"大众创业、万众创新",就是要通过转变政府职能、建设服务型政府,营造公平竞争的创业环境,使有梦想、有意愿、有能力的科技人员、高校毕业生、农民工、退役军人、失业人员等各类市场创业主体"如鱼得水",通过创业增加收入,让更多的人富起来,促进收入分配结构调整,实现创新支持创业、创业带动就业的良性互动发展。

(3)推进"大众创业、万众创新",是激发全社会创新潜能和创业活力的有效途径。

目前,我国创新创业理念还没有深入人心,创业教育培训体系还不健全,善于创造、勇于创业的能力不足,鼓励创新、宽容失败的良好环境尚未形成。推进大众创业、万众创新,就是要通过加强全社会以创新为核心的创业教育,弘扬"敢为人先、追求创新、百折不挠"的创业精神,厚植创新文化,不断增强创新创业意识,使创新创业成为全社会共同的价值追求和行为习惯。

 **任务实施**

1."双创"的概念和内涵

"双创"是"大众创业,万众创新"的简称,是在政府工作报告中明确提出的政策和策略。"大众创业、万众创新",是推动我国发展的动力之源,也是富民之道、公平之计、强国之策,对于推动经济结构调整、打造发展新引擎、增强发展新动力、走创新驱动发展道路具有重要意义,是稳增长、扩就业、激发亿万群众智慧和创造力,促进社会纵向流动、公平正义的重大举措。

在当今信息高度发达的时代,创新创业不再是少数人的专利,而是摆在多数人面前的机会,要通过鼓励"双创"使更多的人行动起来,充分发挥出自己的聪明才智,让其在创造财富的过程中,更好地实现精神追求和人生价值,同时,也带动社会的发展,既可以扩大就业、增加居民收入,又有利于促进社会纵向流动和公平正义。

"大众创业,万众创新"的目的是推动经济良性良好发展。"打造大众创业、万众创新和增加公共产品、公共服务'双引擎',推动发展调速不减势、量增质更优,实现中国经济提质增效升级。"一方面,只有通过万众创新,才能创造出更多的新技术、新产品和新市场,也才能提高经济发展的质量和效益;另一方面,只有通过大众创业,才能增加更多的市场主体,才能增加市场的动力、活力和竞争力,从而成为经济发展的内在原动力引擎。

"大众创业"与"万众创新"是相互支撑和相互促动的关系。一方面,只有"大众"勇敢地创业才能激发、带动和促进"万众"关注创新、思考创新和实践创新,也只有"大众"创业的市场主体才能创造更多的创新欲求、创新投入和创新探索;另一方面,只有在"万众"创新的基础上才可能有"大众"愿意创业、能够创业、创得成业,从某种意义上讲,只有包含"创新"的创业才算真正的"创业",或者说这种创业才有潜力和希望。

推动"双创"是充分激发亿万群众智慧和创造力的重大改革举措,是实现国家强盛、人民富裕的重要途径,应该消除各种束缚和桎梏,让创新创业成为时代潮流,汇聚起经济社会发展的强大新动能。

"双创"是一个行动纲领,旨在号召有能力、有创意、有资源的人积极参与创业或者创新,也鼓励人们通过各种途径变成有创新或者创业条件的人。

当下,创新就是要改变中国传统的以资源和要素为核心的发展模式,以生产低端产品、半成品为主产业结构,国际竞争力低下的状况;创新是提升产品科技含量的重要途径。对创新创业的呵护和扶助,是要使各类孵化器不当盆景,而是做苗圃或基地,为初创企业解燃眉之急,让其生存下去,才能让幼苗长成参天大树。

创客空间是互联网时代促进创新创业的新平台。应该积极创造条件,促进众创空间蓬勃兴起,推动各类创新要素在这个平台上聚集、融合和互动,让一代"创客"的奋斗形象伴随着中国经济的升级,成为创新中国、智慧经济的重要标志。

2."双创"的现实需要

国家基于转型发展和实现就业的需要提出"双创"战略,旨在优化创新创业环境,激发蕴藏在人民群众之中的无穷智慧和创造力,让那些有能力、想创新创业的人有施展才华的机会,实现靠创业自立,凭创新出彩。

一方面,只有通过万众创新,才能创造出更多的新技术、新产品和新市场,也才能提高经济发展的质量和效益;另一方面,只有通过大众创业,才能增加更多的市场主体,才能增加市场的动力、活力和竞争力,从而成为经济发展的内在动力引擎。

未来中国的发展要从追求产量向追求创新转变,而 3D 打印技术正是提高创新能力的有力工具。3D 打印技术可以缩短产品设计、开发周期,加快新产品的推出速度,降低研发成本,从而将创新更方便、更快捷地推向消费者,加速科技创新的速度。在国外,已有公司通过收集用户的各类奇思妙想,打印出小批量产品销售,如果市场反响好,再交给工厂大规模制造,这样的方式形成了一种新的、速度更快、更符合市场需求、更加稳妥的创新创业之路,也大大降低了创意变为产品的门槛,令创意更易变成满足用户需求的商品。

3. 创新创业的特点和问题

当前,"大众创业,万众创新"的创业浪潮正表现出创业、创新、创投三者紧密结合的新格局。一方面,创新与创业是一对孪生兄弟。成功的创业要能使创新投入产生经济效益,创新成果转化成社会化的产品。在互联网时代,市场竞争越来越激烈,企业只有根据市场的变化,不断创新商品、商业模式、管理机制,不断提升技术研发水平,才能获得利润得以生存。比如小米科技采用多元合伙的创业模式,即"天使投资+研发团队+外包生产+物流销售团队"同时协作,极大地推动了创新产品的出现。

近年来我国创新创业生态体系不断优化,创新创业观念不断推陈出新,出现了大众创业、草根创业的"众创"现象,带动创新创业愈加活跃、规模不断增大,效率显著提高。

万众创业呈现出以下新特点。

(1)创业服务从政府为主到市场机制发力。

创新创业从初期的政府主导孵化器,到目前现代市场体系的发展,催生出一大批市场化、专业化的新型创业孵化机构,提供初创企业生存必备的条件外,还进一步提供投资路演、交流推介、培训辅导、技术转移等增值服务。天使投资、创业投资、互联网金融等投融资服务快速发展,为创新创业提供了强大的资本推力。

(2)创业主体从"小众"到"大众"。

目前,创新创业由精英走向大众,出现了以大学生等 90 后年轻创业者、大企业高管及连续创业者、科技人员创业者、留学归国创业者为代表的创业"新四军",越来越多的草根群体投身创业,创新创业成为一种价值导向、生活方式和时代气息。

(3)创业活动从内部组织到开放协同。

互联网、开源技术平台、孵化器等降低了创业实际成本,促进了更多创业者的加入和集聚。大企业通过建立开放创新平台,聚合起大众创新创业的力量,如海尔的"内部创业"。创新创业要素在全球范围内加速流动,跨境创业日益增多;技术市场快速发展,促进了技术成果与社会需求和资本的有效对接,为创新创业带来了更多的机遇和活力。

(4)创业载体从注重"硬条件"到更加注重"软服务"。

创业服务机构或者孵化器由场地租赁、办理注册等基础性服务内容,发展为投资路演、创业交流、创业媒体宣传、创业培训、技术转移、法律服务等新业态,出现了中关村创业大街等集聚各类创新要素的创业生态平台。

(5)创业理念从技术供给到需求导向。

社交网络使得社会联系更加便捷和紧密,缩短了创业者与用户间的距离,满足用户体验和个性需求成为创新创业的出发点。在技术创新的基础上,出现了更多商业模式创新,改变了商品供给和消费方式。

"大众创业,万众创新"需要重点关注的主要问题如下:

第一,要打通科技成果转化通道。科学技术要转化成生产力,关键是如何促进"万众"的创新用于"大众"的创业,这就要求减少对创新转化的限制,加强创新转化的连接,激发、增强创新转化的活力,为此,就必须打通科技成果转化渠道,鼓励各式各样的创新,直接用于创业、合作参与创业、转让促进创业等。总之,促进科技成果转化的关键在于激励人们主动创造新成果和愿意转化新技术。为此,在政策、机制上要有创新,要加快科技成果使用处置和收益管理改革,扩大股权和分红激励政策实施范围,完善科技成果转化、职务发明法律制度,使创新人才分享成果收益,从而促进科技人员愿意创新、愿意创业、愿意转化。

第二,重点要引导新兴科技产业发展。新兴产业是先进生产力的重要代表,是高科技创新的前沿,是高附加值创业的重点。因此,要重点支持扶持新兴科技产业的发展,引领万众向高科技方向创新,带动大众向高科技新兴产业上创业汇聚,从而促进我国经济深层次的转型升级。

第三,重点要推进各项产业"互联网化"发展。信息化是当今时代的突出特点,互联网已经成为人们生产和生活的重要组成部分,这就必然要求各项产业要适应"互联网化"的时代要求,更要求各项产业要主动、广泛、深度地与互联网结合,在"互联网化"发展中创造更多更大的经济和社会价值。

4.创新创业的支持需求

企业创立之初,犹如新生的婴儿,生存能力很差,极易夭折。具体来说,存在"人钱智市"的短缺状态;企业初创,多半靠创业者的热情支持,自己的能力、资金、市场都有很大的限制,也没有专业的人员帮助解决问题;创业的资本本身就少,但一切都要花钱,资本是决定企业生存下去的重要支撑;初次投入市场的浪潮中,对自身认识不足,对社会了解不深,对管理没有实践经验,极易盲目冲动;创业者凭借热情投入,但对市场了解不全,认识不足,对社会化管理没有概念,开发的产品容易不受市场欢迎。

为了帮助创新创业者成功渡过初创期,生存下来并发展壮大,社会除号召、鼓励创新创业外,还应该对他们给予实实在在的帮助,在"人钱智市"方面,进行全方位的帮助和支持。

目前,各种孵化器是最常见的形式之一,也是最有效的方式。

孵化器,英文为 incubator,本义是指人工孵化禽蛋的专门设备;后来引入经济领域,指这些企业的产品是初创企业,孵化器能够帮助初创企业将他们的产品或服务成功地打入市场。企业孵化器在中国也称高新技术创业服务中心或生产力促进中心,它通过为新创办的科技型中小企业提供物理空间和基础设施等一系列的服务支持,进而降低创业者的创业风险和创业成本,提高创业成功率,促进科技成果转化,培养成功的企业和企业家。企业孵化器一般应具备四个基本特征:一是有孵化场地,二是有公共设施,三是能提供孵化服务,四是面向特定的服务对象——新创办的科技型中小企业。

孵化器帮助企业家在创业过程中节省时间、少走弯路、营造创业者聚集效应,提高创业成功率;孵化器"通过为初创企业提供生产研发空间以及基础设施服务来降低创业成本并提高效率;连接风险投资机构和初创企业,降低双方存在的信息不对称;提供一种合理分摊创业者创业成本和创业风险的工具"。

创客空间是另外一种帮助初创企业发展的形式,在前面的章节中已经有详细介绍,后面的章节中再增添介绍。而 3D 打印设备是一般孵化器和创客空间必备的设备。

任务 3.2 3D 打印在生物医学上的应用

📚 任务描述

近年来,随着 3D 打印技术的发展,3D 打印技术在医疗行业应用的广度和深度方面都得到了显著发展。在应用的广度方面,从最初的医疗模型快速制造,逐渐发展到 3D 打印直接制造助听器外壳、植入物、复杂手术器械和 3D 打印药品;在应用的深度方面,随着生物相容性材料的研发取得一定成功,3D 打印也开始涉及制作人体组织器官。本任务利用实例在这方面进行介绍。

📚 知识准备

1.3D 打印技术的特点

3D 打印带来了制造方法的全新革命,以前在零部件设计中必须考虑生产技术能否实现,而 3D 打印机的出现颠覆了这一传统设计、制造思路,这使得在生产零部件的时候不再需要考虑生产技术的可实现性问题,任意复杂形状的设计均可以通过 3D 打印机来制造。

3D 打印具有以下主要特点。

(1)3D 打印是直接数字化驱动的制造,从三维 CAD 模型直接制造出零部件甚至一次成形多个零件组合的产品,减少或省略了毛坯准备,零件的切削加工,零部件或产品装配等中间工序,且无须昂贵的刀具或模具,也不需要工装夹辅具,从而极大地缩短了从设计到制造出产品的周期,提高了生产效率。3D 打印成形过程中无振动、噪声和切削废料,属于绿色加工。

(2)3D 打印是可以完全定制的、个性化的制造,3D 打印赋予了设计者不用考虑任何限制的条件,每次制作的产品可单独设计,可做到全球仅此一件,百分之百按订单要求制造。在没有打印售出之前,设计是储存在计算机里的数据模型,无须实体仓库,产品多样化、个性化制作而不会增加成本。

(3)互联网传递打印模型文件,产品的数据模型在没有打印之前是以数字文件形式存在,利用互联网可以将模型文件传输到所需要的地方,非常方便快捷;这样就可以赋予 3D 打印两个特点:按需制造,就地制造。在使用地点就近制造,这种方式节约了物流成本,也不需要运输时间。

(4)3D 打印能够最大限度地发挥材料的特性,而不在意制品的构造是否复杂,仅把需要的材料放在有用的地方,材料可以无限组合,大大减少了材料的浪费,提高了材料利用率;也可以根据零件结构的需求,制作功能梯度材料来满足;还可根据要求,设计结构和材料的最优配合。

2. 3D 打印技术快速发展

从 2012 年开始,由于美国的大力支持,引发了全球的 3D 打印热潮,3D 打印技术目前已经步入了飞速发展的时代,各种新的 3D 打印技术层出不穷,已经出现的 3D 打印方法、设备、材料、成形工艺不断改进和完善,3D 打印的应用越来越广泛,从工业设计、制造,到日常生活等方方面面都出现了 3D 打印的身影。

3D 打印被赋予了"第三次工业革命"的大背景,以 3D 打印技术为代表的快速成形技术被看作是引发新一轮工业革命的关键要素。作为一种全新的成形技术,3D 打印是制造业有代表性的颠覆性技术,实现了制造从等材、减材到增材的重大转变,改变了传统制造的理念和模式。又由于其本身的巨大优势,所以,在全产业链上都得到迅速的发展。

3. 3D 打印技术的未来趋势

3D 打印正日新月异的发展,发展方向很多,研究热点也很多,其未来的主要发展方向大致包括以下内容:

(1)设备向大型化方面发展。

在航空、航天、汽车制造以及核电制造等工业领域,对钛合金、高强钢、高温合金以及铝合金等大尺寸复杂精密构件的制造提出了更高的要求。目前现有的金属 3D 打印设备成形空间难以满足大尺寸复杂精密工业产品的制造需求,在某种程度上制约了 3D 打印技术的应用范围。因此,开发大幅面制造功能件 3D 打印设备将会成为一个发展方向。

(2)体积小型化、桌面化、个人化。

3D 打印机在走向普及的过程中,为了方便人们的使用,将会出现更为经济、外形更为小巧,更加适合办公室工作环境使用的机型。

(3)材料向多元化、功能化方面发展。

3D 打印材料的种类会日益增多,功能也从传统均质材料到非均质材料;未来 3D 打印机不仅可以打印种类繁多的均质材料,也可以打印功能各异的非均质材料,如功能梯度材料(functionally graded materials,FGM)等。对于 FGM 来说,它一般由两种或两种以上的材料复合而成,各组分材料的体积含量在空间位置上是连续变化的,而且其分布规律是可以进行设计和优化的。从 3D 打印机的基于离散/堆积成形原理不难看出,它在制作 FGM 方面具有很大的潜力,在丰富了打印材料的种类后,将可以直接打印出多功能的模型。

(4)制造网络化、操作简单化。

可实现网络化制造,实现立体传真功能。在当今网络化的时代,3D 打印机也可以借助网络资源发挥自身的优势。比如当分公司的某个设备发生故障,需要更换某一个重要零件时,无须再派人到总部去取或者邮寄零件,总部可以通过网络或者传真将零件的计算机辅助设计模型直接发送过来,然后分公司再用 3D 打印机直接打印出零件。这样原来需要几天完成的事情现在只需几个小时就可以完成。

(5)实现太空制造。

美国政府机构 NASA 已利用 3D 打印技术生产了用于执行载人火星任务的太空探索飞行器(SEV)的零部件,并且探讨在该飞行器上搭载小型 3D 打印设备,实现"太空制造"。"太空制造"是 NASA 在 3D 打印技术方向的重点投资领域。为实现"太空制造",太空环境的 3D 打印设备、工艺及材料等领域已经开展了多方面的研究,离未来应用不太遥远。"太空制造"的优点十分突出,只要在太空飞船上备有 3D 打印设备,当任何零部件损坏后,都可以立即用 3D 打印机现场制造一个换上,太空飞船又可以继续使用,而不必携带大量的备用零件。

(6)助力深空探测。

3D 打印技术的快速发展和远程控制技术为空间探测提供了新的思路。月面设施构件 3D 打印技术是利用月球原位资源,采用 3D 打印技术利用月面材料就地生产月面设施构件,是未来建立大型永久性月球基地的有效方法;该方法能够最大限度地利用月面资源制造 3D 打印所需的材料,大大降低了地球发射成本,并可利用月球基地的原位资源探索更遥远的空间目标。

 任务实施

目前 3D 打印技术在生物医学领域较为成熟的应用包括:体外模型、手术导板和医疗器械制造、永久植入物和 3D 打印药品等个性化制造方面,本任务主要介绍此方面的内容。

3D 打印应用于体外模型和医疗器械的制造中,成形的人体组织模型无须植入体内,所用材料也不需要考虑生物相容性等问题,体外医疗模型一般也只考虑所用材料的力学、理化和色彩等性能。目前这类应用较为成熟和普遍,主要用于确定病灶,制定手术方案,这种应用发展很快,正在为保障人们的健康服务。也有在生物医学教学方面应用 3D 打印模型来辅助教学。

1. 体外模型

3D 打印技术可用于快速制造人体器官(如骨骼、心脏等)和种植体(如关节等)的模型,使医生不通过开刀就可观察患者的组织器官结构,判断是否有组织病变及其程度,为其病情诊断和制定手术方案提供帮助。这类体外模型的制作步骤一般为:首先,在手术前根据患者待手术部位的 CT 图像或核磁共振数据等,利用反求工程,通过计算机技术将 CT 数据转化为三维 CAD 数据;其次,利用 3D 打印技术,将 CAD 数据制作成个性化的体外模型实物,就得到一个可用于医疗的模型;该模型最主要的作用是让医生在手术前可以直观地看到手术部位的三维实体结构,有助于医生制定和规划手术方案。尤其针对复杂手术,有助于降低手术风险,提高手术的成功率。

图 3-2-1 为依据上述过程,利用 3D 打印技术制作的心脏模型,并根据模型进行手术方案的预演。

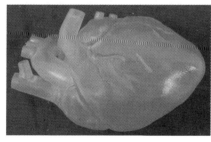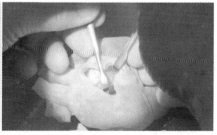

图 3-2-1 3D 打印的心脏模型和对模型进行手术方案预演

清华大学与北京大学第一医院合作完成了我国首例采用 3D 打印技术进行人体器官(半骨盆)修复的真实病例。首先,通过 CT 数据反求重构患者盆骨的三维 CAD 模型;其次,利用叠层实体制造工艺加工患者 1:1 的盆骨模型;再次,医生根据此模型进行钛合金义肢形状的定制及试装配,并进行手术规划;最终将钛合金假体植入体内。图 3-2-2 所示为钛合金盆骨。

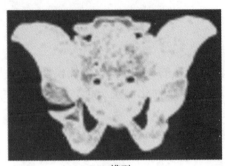
(a) CAD模型

(b) 3D打印成形的模型

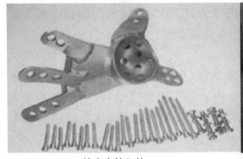
(c) 钛合金植入体

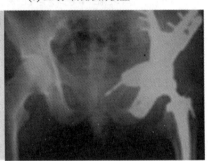
(d) 手术完成后的X光照片

图 3-2-2　钛合金盆骨

2015 年,上海某医院普外科采用 3D 打印技术为一位患先天性自身免疫性肝硬化门静脉高压症的患者进行手术。术前为了能精准制定手术方案,专家想到了 3D 打印技术。利用 3D 打印技术将患者的肝胆胰脏器和相应的病变部位以 1︰1 的"实物"形式呈现在医生面前,通过精确评估病变范围与临近脏器组织的三维空间关系,专家团队确定切除患者 307 g 的肝脏。在进行肝脏切除时,专家将模型带入手术室,并在术中进行实时比对,通过调整 3D 打印模型并将其置于最佳解剖位置,为手术关键步骤提供直观的实时导航,并对关键部位快速识别和定位;通过精确定位病灶、血管,实时引导重要血管的接合,提高了手术精准性,有效降低了手术风险,缩短了手术的时间。

人体模型除辅助手术外,还可以应用在医学教学中,让学生很直观地了解人体组织结构,增加了实践的机会。

2. 手术导板

手术导板是医生在手术中用来辅助手术的重要工具,3D 打印技术尤其适合制造异形、个性化的医用导板。

2010 年,广州某医院委托某大学为一名男性患者股骨上部肿瘤切除术设计与制造手术模板。将患者的股骨 CT 扫描图像调入医学专用影像处理软件 Mimics10.0进行处理,区分并标记出骨瘤生长的区域。采用 CAD 软件构建出手术模板。将手术模板模型切片生产的文件,输入激光选择性烧结系统中,优化后得到最佳加工参数,启动系统进行加工,获得个性化手术模板。术前利用模板能快速而准确地将异体骨修剪成与切除部位外形接近的形状,术中按照固位要求通过模板上的孔洞临时打入螺钉进行固定,再利用模板上的导筒引导骨钻进行精确钻孔,使得肿瘤部位被准确切除,异体骨得以准确固定(见图3-2-3)。

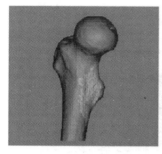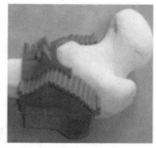

图 3-2-3 个性化制造股骨上部肿瘤切除术模板案例

与传统种植牙技术相比,数字化种植牙导板技术使得术前种植设计方案得以精准转移,术前可根据方案制备临时修复义齿,使术后即刻修复成为可能;并能够提高种植手术的安全性和可预见性,避免重要解剖结构的损伤。

下面详细介绍数字化种植牙导板的实施过程,分两步进行,具体如下。

1)介绍数字化种植牙导板的临床流程

(1)临床检查。

临床检查包括问诊、口颌系统检查及医患沟通,临床医生根据口内检查结果进一步确定是否需要制作数字化导板、采集口内模型、制作放射性导板等。

(2)数据采集。

制作种植导板的前提条件是患者必须进行口颌区域 CT 扫描(尖牙咬棉棒隔离开)三维重建,并制取模型,对模型进行光学扫描或用口腔扫描仪获取口内软、硬组织信息。

(3)种植牙方案设计。

将 CT 数据与光学扫描的信息整合,采用种植设计软件,完成种植方案的规划设计,确定种植体型号、位置和方向。

(4)数字化导板制作。

根据种植方案的设计、利用导板生成软件输出数字化导板模型,通过3D打印技术制作(由导板制作单位完成)。

(5)利用数字化导板的种植技术。

在数字化导板的辅助下逐级备孔,精确地将术前种植体转移到患者口腔内。

2)介绍多颗牙连续缺失病例的导板制作流程(见图3-2-4)

(1)医生将上下颌倒模(石膏模)两幅,其中一幅进行蜡牙排牙,然后将 CBCT 与两幅石膏模一并提供至技工所。

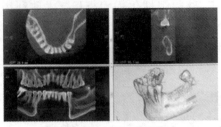
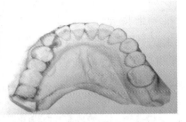

(a) CT扫描上下颌三维影像　　　　　　　(b) 倒模并排牙

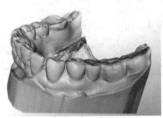
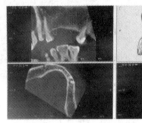

(c) 光学扫描牙模　　　　　　(d) 数据融合并以修复为导向的种植体设计

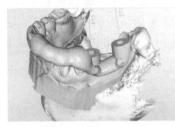
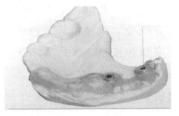

(e) 虚拟导板设计　　　　　　(f) 打印出的数字化导板

图 3-2-4　多颗牙连续缺失病例的导板制作流程

（2）技工所将两幅石膏模进行光学扫描。

（3）技工所将光学扫描的数字模型与 CBCT 数据进行融合合并。

（4）技工所与医生远程沟通种植体和虚拟牙设计，或者将工程文件提供给医生设计后发回技工所。

（5）技工所根据设计好的种植体位置和未排牙的石膏模进行数字化导板设计，并配合套环制定导板导向孔。

（6）技工所将数字化导板采用 3D 打印方式打印成形，将钻孔导向器、石膏模、种植导板等一并发送给医生。

总之，与传统种植技术相比，数字化种植导板技术具有以下优势。

（1）准确转移术前种植方案于临床实际中，保证种植体植入位置、方向和角度等的精确性，提高种植手术的安全性和可预见性，避免重要解剖结构的损伤。

（2）充分利用余留骨量，减少甚至避免附加手术，减少手术时间，最大限度减少手术创伤。

（3）对骨量充足的患者，可实现不翻瓣的微创种植手术，减小手术创伤，减轻患者痛苦及就诊次数。

（4）数字化种植导板使得术前种植设计方案得以精准转移,术前可根据方案制备临时修复义齿,术后即刻修复成为可能。

（5）术前即可在三维重建影像上向患者展示手术方案和术后结果,便于医患沟通,减少纠纷的发生。

3. 永久植入物的个性化制造

使用钛合金、钴铬钼合金、生物陶瓷和高分子聚合物等材料,利用3D打印设备打印出骨骼、软骨、关节、牙齿等,通过手术植入人体。因所制造的产品需要植入体内发挥功能,所以使用的材料要求必须具有良好的生物相容性,并要求在体内环境的使用中不能降解。下面介绍一些成功的案例。

（1）人工耳软骨支架3D打印制作。

如图3-2-5为清华大学与中国医学科学院北京整形医院合作,利用熔融沉积制造方法加工用于治疗耳畸形的耳软骨支架。材料采用生物相容且不降解的聚氨酯,植入后的效果良好,与患者的健侧耳朵形状完全一致。

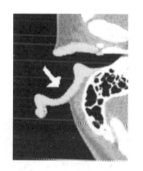

(a) CT扫描与建模

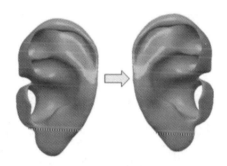

(b) 熔融沉积制造加工耳软骨支架

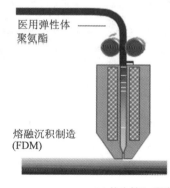

医用弹性体
聚氨酯

熔融沉积制造
(FDM)

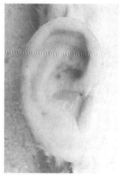

(c) 体内植入(鼠背部)

图 3-2-5 人工耳软骨支架

（2）颅骨个性化钛网3D打印制作(见图3-2-6)。

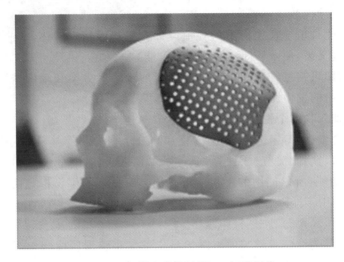

图 3-2-6 颅骨个性化钛网 3D 打印制作

颅骨个性化钛网 3D 打印塑形(见图 3-2-7)与颅骨传统手工塑形(见图 3-2-8)对比,优点如下:

(1)修补外形美观,成形、贴合精确;

(2)手术时间与麻醉时间大大缩短;

(3)手术风险降低,术后并发症降低;

(4)钛网板、钛钉等材料使用量降低。

图 3-2-7 颅骨个性化钛网 3D 打印塑形

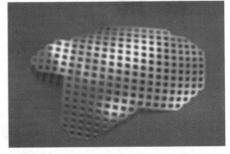

图 3-2-8 颅骨传统手工塑形

使用钛材料来制作植入人体骨骼,除其强度、密度需满足要求外,钛还应具有在人体内抵抗分泌物腐蚀的性能。因为钛材料无毒,对任何杀菌方法都适应,因此被广泛用于医疗器械的制作。

颅骨个性化钛网塑形流程如图 3-2-9 所示。

依次经过 CT 的数据处理(采用螺旋扫描方式)、医学的三维重建、颅骨自然曲面的表面绘制、计算机图形图像的三维辅助设计和钛金属的数字制造等 5 项程序,即可完成先进的颅骨修复的数字制造产品,可与创伤缺损部分精确贴合,实现

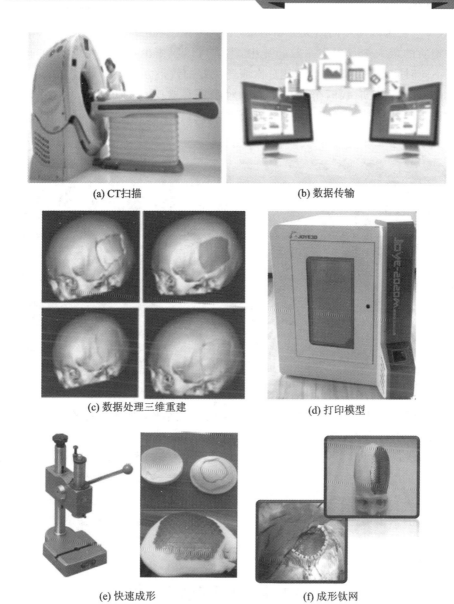

(a) CT扫描　　　　　　　　　　　(b) 数据传输

(c) 数据处理三维重建　　　　　　　(d) 打印模型

(e) 快速成形　　　　　　　　(f) 成形钛网

图 3-2-9　颅骨个性化钛网塑形流程

了对脑组织有效的力学保护。

4.3D 打印药品

3D 打印技术对制药的影响主要体现在以下四个方面。

(1)可以实现药物活性成分的个性化定制。医生根据患者的个体情况和疾病的严重程度,给出准确的治疗药物的种类、成分,利用 3D 打印技术制成药片,只供该患者服用。

(2)剂量的个性化定制。为患者提供个性化治疗方案,利用一层一层的打印方法,每一层可以用不同的成分和剂量,把不同的层紧密地结合起来,这样可以把某种物质的最大剂量置入一粒药片中,患者可以服用少量或较小的药片,而不同层在不同时间溶解、吸收,起到比分次服药更好的效果。

(3)可以实现形状的个性化定制。对于不喜欢吃药的儿童来讲这是个好办法,通过 3D 打印技术打印出各种有趣的形状,引诱宝宝乖乖吃药。如图 3-2-10 所示为各种图形和色彩的儿童药片。

图 3-2-10 各种图形和色彩的儿童药片

(4)通过 3D 打印技术使药物拥有特殊的微观结构,改善药物的释放行为,如某些成分的分步释放,从而提高疗效并降低副作用。

美国食品药品监督管理局(FDA)2015 年已在全球批准首款完全用 3D 打印技术制作的药片。这款名为 Spritam 的药物由美国 Aprecia 制药公司研制,用于治疗癫痫患者。Aprecia 使用的 Zipdose 3D 打印技术最重要的意义就是使药物能够在少量的水中迅速分解为高剂量的药物,这种药物给发病时的患者带来了极大的方便。

任务 3.3 3D 打印快速制定产品设计方案

任务描述

快速发展的 3D 打印技术本身,可以快速制作出创意设计模型,供评审者对其外观、结构或功能等进行评价,提出修改意见,然后对设计的电子模型进行快速修改,再利用 3D 打印技术制作出产品来,进行再评审,如此反复,直到确定产品的设计方案。本任务介绍了三方面的内容:设计原型的评审验证,手板模型的快速制作,允许快速、反复修改产品设计。

通过这种方法确定的设计方案,结构上更合理,功能上更满足要求,制造过程更少,市场竞争力更强。

 **知识准备**

1. 产品设计概念

产品设计是一个创造性的综合信息处理过程,通过多种元素如线条、符号、数字、色彩等方式的组合,把产品的形状以平面或立体的形式展现出来。从另一个角度看,它是将人的某种目的或需要转换成为一个具体的物理实体或工具的过程;是把一种设想、规划、计划、问题解决的方法,通过具体的操作,以理想的形式表达出来的过程。通常新产品的设计包含了概念模型设计、功能模型设计、成品设计、改进设计等不同的阶段。

2. 3D 打印技术在个性化创意设计中的优势

(1)将设计师想象空间的约束去掉。

传统上,设计师通过一个具体的形体,并赋予该结构某些功能,来达到产品设计的要求;同时,设计师也要兼顾到该产品的制造特性,比如,能否制造出来、制造成本高低等。而 3D 打印技术能够打印出任意形状的产品,将设计师从考虑制造过程的约束中解放出来,使设计师能更加专注产品的形态创意和功能创新,并且可以借助 3D 打印,将产品的形态、功能设计得更好、更完善。

(2)缩短了设计到成形的周期。

3D 打印技术有效地缩短了从个性化创意设计到成形的整个周期,任何一个创意设计,都可以借助 3D 打印技术快速制造。通过评审后,可以借助 3D 打印技术及其后处理方法,很快实现产品的批量生产。现今社会不断发展,消费者的口味也在不断变化,而 3D 打印技术可以有效地应对市场,帮助厂家快速适应消费者欣赏水平的变化。设计师则可以依靠互联网这个广阔的开放性平台实施产品设计,缩短产品的生产周期。

(3)降低了创意设计的成本。

在个性化创意设计中,利用 3D 打印实现设计产品的展示和评审,由于 3D 打印产品所需的原材料和能源消耗相对传统方法要少得多,一般仅是传统制作的1/10,无须价格昂贵的工装模夹辅具来完成制造生产,不仅节约了研发、设计的成本,而且降低了企业因为开模不当所带来的损失和风险。同时,3D 打印可以实现复杂的曲面和丰富的造型设计,能为客户提供更多的选择,满足其个性化的要求。此外,3D 打印产品还可以通过远程传输,实现异地快捷传送和打印,节省了运输成本和时间。

3D 打印的出现,对于个性化产品的设计不仅是技术手段的革新,更是其社会价值的提高,它为消费者提供了更多的个性化设计,能够满足更多人的个性化需求。

任务实施

利用传统方法开发出一款新产品的周期很长,其研发成本对于复杂的产品来说一直居高不下。在产品设计、开发过程中,中间产品模型加工和制造成本很高,需要制作专用模具和辅具,造成了成本高昂。利用 3D 打印技术,在设计阶段便可制作实体模型,可实现设计实体的结构、外形和功效的评价、评审、检查,以便进行快速反馈、修改。产品定型后,可以帮助快速实现批量生产。

1.设计原型的评审验证

3D 打印最早的应用就是在产品设计原型的制作上,在投产前,将数字设计模型制作出的实体作为新设计的产品原型(见图 3-3-1)。3D 打印技术可以在较短的时间内(数天或数小时内)将 CAD 模型或设计图纸制成实体原型,为设计人员创建一个实体作为评审、验证的对象,方便对设计方案进行评定、分析、模拟试验和生产可行性评估,并能迅速取得用户对设计方案的反馈信息。然后,通过 CAD 对设计方案作修改和再验证,从而缩短设计时间,提高设计效率。

图 3-3-1　3D 打印汽车概念模型

根据评审意见和用户的反馈,设计人员可以快速修改设计模型,然后用 3D 打印技术制作实体做进一步的评审。

通常情况下,用来进行评审的产品原型不一定需要有最终产品功能的特性,设计师可以采用廉价的蜡或生物可降解塑料来制作设计件,等评审或客户确认尺寸和功能后,待设计评审通过,方案确定,制造最终产品时再使用金银或其他昂贵材料。图 3-3-2 所示的是手镯的全新数字设计快速成形模型,用来进行评估。

3D 打印技术的魅力在于,无论何时何地,用 3D 打印机就可以自动、直接、快速、精确地打印出设计者经缜密构思设计的产品零部件实体,从小零件、小物品至

图 3-3-2 手镯的全新数字设计快速成形模型

汽车车身、飞机发动机等大零件、大物品,乃至整车车身模型。这样制作的零件原型,为新设计方案的校验、评审、评价等提供了一种高效、低成本的实现手段。

3D打印快速成形在设计中的优势有以下几方面:

(1)设计还处于计算机模型阶段,就可以很快进行评估、评审和评价。

(2)方案定型后,可方便地进行后处理和操作,快捷地制造出产品。

(3)3D打印除可用于产品外观设计评价外,还可以用于零件装配关系的评价,甚至部分功能的评审,以确保尺寸和功能都没有问题。

过去,消费者买到的都是大规模生产的东西,如果需要个性化的产品要找到设计师为他专门制作。而现在,3D打印定制化可以非常方便地制作体现个性化的产品,如制作体现特定个人的、符合人体工程学的餐具,甚至为残疾人提供帮助。设计师刘阳河设计的"可以挤酱包的勺子、叉子"系列餐具,以萌动有趣的造型,为消费者带来更美妙的用餐体验。图 3-3-3 所示的是使用 3D 打印技术制造的个性化银器。

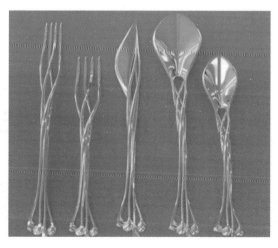

图 3-3-3 使用 3D 打印技术制造的个性化银器

2. 手板模型的快速制作

3D 打印打破传统加工办法,可以更精准、及时地为工业设计师、模型设计师和产品开发团队提供形象、直观、精确表达设计思想和产品功用的实物,这种方法也适用于手板模型制造领域。

3D 打印技术不受产品设计结构和形状的限制,能够直接、快速制造出传统工艺无法制造的产品,从而极大地释放了设计师的设计潜能,为他们提供了更多的设计自由度。许多专业手板模型制作商,由原来简单地按照客户的要求制作模型,发展到致力于手板模型的外观、结构设计和制作优化,创新了经营模式。制作商通过利用先进的多种 3D 打印设备以及相应的大型软件,为客户提供从创意或图纸到成品手板一站式服务,能够将客户的产品设计理念、想法和构思巧妙地表达出来,制造出高质量、高精度、精细美观的手板模型。

图 3-3-4 为利用 3D 打印技术得到的家用电器的手板模型;图 3-3-5 为汽车零件手板模型造型设计的 3D 打印制作件(采用 SLA 工艺)。图 3-3-6 为 3D 打印汽车零部件样件。

图 3-3-4　家用电器手板模型　　　　图 3-3-5　汽车零件手板模型

图 3-3-6　3D 打印汽车零部件样件

3D 打印手板模型逐步应用于家电和汽车行业,尤其在制造具有复杂型腔的汽车模具方面有着独特的优势。在汽车研发环节,需要试制大量的零部件样件进行各种测试,传统的样件开发周期无法满足现代汽车研发周期短的要求,而采用 3D 打印技术可将汽车样件的开发周期缩短 40% 以上,成本降低 20% 以上,一般采用 3D 打印件进行后处理,再与传统制造工艺结合,制造功能零件。当然,还有另外一种成本比较高的技术路线,金属零件采用 SLS(选择性激光烧结)技术及 SLM(选择性激光熔化)技术,使用的材料主要有不锈钢、铝合金、钛合金、钴铬合金等。

目前,国内的模具开发周期一般在 3 个月以上,利用 3D 打印技术可以明显缩短这个时间,有报道称 45 天就可以完成模具的制造。利用 3D 打印制作铸造用和浇铸用的模型,不需要时间比较长的木模制作时间,可以快速直接地实现零件的单个及小批量毛坯件的生产,与传统的铸造或锻造相比,可节省大量的夹辅具的开发成本和时间,同时 3D 打印易操作,精度更高,工序数量少,与传统研发手段相比,省去了大量的人员和夹辅具、设备,提高了效率。

3. 允许快速、反复修改产品设计

3D 打印技术制作的产品都可以以数字方式储存,然后根据需要用 3D 打印机制造出来。利用 3D 打印将设计初期的产品打印出实体模型后,可以通过反复评价、检查和优化来改进设计方案。如图 3-3-7 所示的是某摩托车研究所为了验证摩托车车把与相关零件的装配精度,用 FDM 方法制成车把实体,再把相关零件进行实际装配,从中找出配合的偏差,然后在计算机三维模型上进行参数优化改进设计,通过这样两轮的反复验证,提高产品设计的可靠性和安全性。

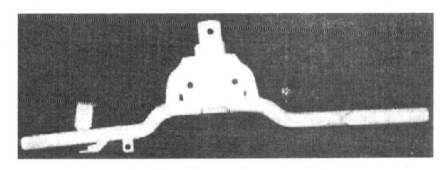

图 3-3-7 利用 FDM 方法打印摩托车车把

如图 3-3-8 所示,以色列设计师通过 3D 打印技术制作出系列弹性高跟鞋,并将它命名为 Energetic Pass,这款鞋子不仅在外形上表现为流畅的线条,给人以活泼与青春洋溢的感觉,在功能的设计上也别具匠心。这款鞋子的最大特点就是它的"弹簧减震鞋跟",穿上以后有一种仿佛置身云端的感觉。弹簧鞋跟是一种可以起到减震器效果的结构,使穿着它的人在行走的时候会获得一种全新的体验,不会像穿普通高跟鞋那样感到足部疼痛或者感受到压力。鞋面用的是 Nylon12 材料,鞋底所用的材料是由 Object 公司使用光聚合物制造的。这款鞋既轻盈又舒

适,而且以一种抵消身体对于鞋底高跟自然应力的方式为用户提供足够的足部支持。

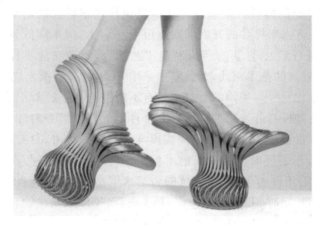

图 3-3-8　3D 打印弹性高跟鞋

在设计的时候,设计师首先绘出草图,然后使用三维绘图软件 SolidWorks 开发出数字模型。设计师甚至还用 3D 打印笔制作了一个实体模型,通过对比实体模型的各项参数,在绘图软件上反复修改,达到要求后,设计师便将 3D 模型发送到一台 Aran-RD SLS 3D 打印机上打印出来,然后又通过反复修改确定了方案。

利用 3D 打印技术可以快速地帮助设计师反复修改产品的设计方案,直到满足消费者的需求。

任务 3.4　3D 打印制作小批量产品用于展示和试销

利用 3D 打印制作出小批量的产品,用于展示和销售,本任务介绍了 3D 打印直接和间接制造塑料件的各种技术方法,3D 打印直接和间接制造金属零件的各种技术方案。

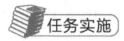

1.3D 打印制造塑料件

企业在产品设计早期,就使用 3D 打印设备快速制作样件模型,用于审核、评估,不仅节省了时间,而且减少了设计缺陷。3D 打印可以帮助优化设计产品方案,加速产品上市进度,能够为企业创造价值。

企业采用 3D 打印反复制作手板模型用于设计沟通、设计验证、装配测试和宣传展示,以实现产品功能完善、生产成本降低、品质更好、市场接受度提升的目标。如图 3-4-1 所示为用 SLS 系统烧结高分子材料直接成形出的塑料零件,可用来装配成产品,供形状和尺寸检验,装配到产品上后,可检验零件的装配关系和产品整体的外观。

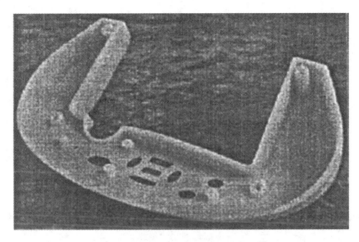

图 3-4-1　SLS 成形的塑料零件

用"3D 打印＋后处理"方法制造小批量塑件,其工艺方法是:3D 打印出零件,然后将其放置在容器中,倒入液体硅胶包围零件,待硅胶凝固后,刨开硅胶,就制成硅胶模具,该模具在真空注塑机上可以制作出数十件,甚至数百件塑料件。

目前,还进一步开发出了改进的工艺,即用 3D 打印直接制作出注塑模具,用该模具在注塑机上直接注塑出塑料件。图 3-4-2 是德国一公司在产品研发过程中,利用 3D 打印机制造塑料的注塑模具,并用来制作小批量塑料件。这种方法的优点在于交货期短:传统模具交货期为 56 天,成本为 4 万欧元;3D 打印模具交货期为 2 天,成本为 1000 欧元。相比传统模具,3D 打印模具的交货期缩短了 96.4%,成本下降了 97.5%。本案例中展示的 ABS 材料并不是唯一可以制造 3D 打印注塑模具的材料,通过 SLA 3D 打印技术,光敏树脂材料也可以用来制造 3D 打印注塑模具,进行较小批量注塑件的生产。

在产品的小批量试制阶段,3D 打印为快速打样提供了最佳方案,3D 打印制作出来的样品可以用于宣传展示、市场调查、试销售等。

如图 3-4-3 所示为一款在竞赛中获胜的设计方案,该产品可以像魔方一样转动和收起,不同的是,它可以变化出多种图案。3D 打印还可用于产品的量产环节。生产商直接用 3D 打印技术打印出每个零件,装配后成为产品,这样制作了小批量产品供试销。图中的各个玩具零件都是 3D 打印出来的,表面的纹理可以设计得很细致,同时可以摆出多种造型。

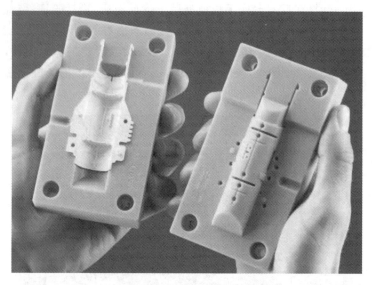

图 3-4-2　利用 3D 打印技术直接制作出注塑模具和用该模具制造的塑料件

图 3-4-3　3D 打印产品造型展示

2. 3D 打印制造金属零件

用 3D 打印技术成形金属零件，有两种技术路线：一种是直接用 SLS 烧结或熔化金属粉末成形金属件，称为直接成形法；还有一种是利用 3D 打印件，经过一定的后处理方法，制作出金属件，这种方法称为间接成形法。

（1）3D 打印直接成形金属件。

这种方法一般是在 SLS 设备上，用大功率的激光，直接熔化金属粉末，可以直接制作出金属件。图 3-4-4 是德国 EOS 公司用 SLS 设备直接成形的薄壁涡轮燃烧室零件。

图 3-4-4　SLS 成形的薄壁涡轮燃烧室零件

直接成形金属零件的方法发展很快，现在已经成为一个发展最热的 3D 打印分支之一，并且也给出了一个新的名称"选择性激光熔化"。热源也从激光发展出等离子束、电子束、电弧，材料也从粉材发展出丝材，成形设备也多种多样。图 3-4-5 是机器人承载的弧焊电源 3D 打印系统，利用金属丝材打印零件。机器人在控制系统的控制下，带动焊炬按照增材的路径扫描，电弧把金属丝材熔化，堆积出形状。

图 3-4-5　机器人承载的弧焊电源 3D 打印系统

(2)3D 打印间接成形金属件。

"3D 打印＋铸造"工艺是间接成形金属零件、金属模具的最有效途径,有三种技术方案。

第一种方法,3D 打印件可直接作为铸造造型用的模型。用 SLS 烧结 PS 材料,成形出曲轴零件(图 3-4-6(a)),然后用成形件作为木模(图 3-4-6(b)),去制造浇铸用的砂型(图 3-4-6(c)),最后,用传统的铸造方法制出金属曲轴件(图 3-4-6(d))。

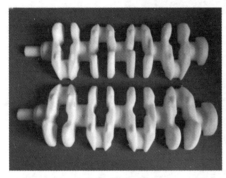

(a) SLS方法打印的曲轴

(b) 用3D打印模型做的砂箱

(c) 用3D打印模型做的砂型

(d) 用"3D打印+铸造"制作的曲轴

图 3-4-6　3D 打印件作为铸造造型用的模型成形的金属曲轴方法步骤

第二种方法,用 3D 打印方法直接烧结出铸造用的砂型。此方法包含两种工艺:一是可以用 SLS 烧结覆膜砂,成形出铸造用的砂型,图 3-4-7 所示的是德国 EOS 公司用 SLS 方法烧结覆膜砂＋铸造方法制造的发动机缸体金属件;还有一种方法是用 3DP 方法,成形出铸造用砂型,然后用铸造方法制造金属件。

第三种方法,"3D 打印＋消失模铸造"方法,先用 3D 打印机打印出零件,然后用失蜡模方法,在零件表面制作出砂型壳体,用加热的方法,使 3D 打印零件气化,再用该模型去浇铸。图 3-4-8 是用 SLS 烧结 PS 材料成形出零件,再用"消失模＋低压铸造"的方法,制作的铝合金汽车零部件。

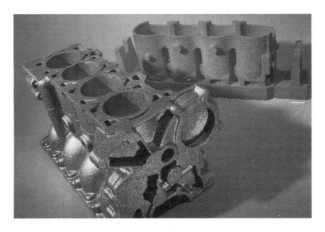

图 3-4-7 用 SLS 法制造的砂芯及金属铸件

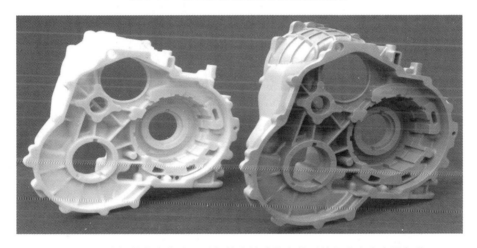

图 3-4-8 选择性激光烧结原型与精密铸造结合得到的铝合金汽车零部件

项目小结

本项目主要介绍了在"双创"时代背景下,应用 3D 打印技术帮助创新创业的方法。首先,介绍"大众创业、万众创新"掀起创新创业热潮的特色和内涵,再进一步介绍创新创业是新时代的需求、创新创业的特点和需要关注的问题,最后介绍了创新创业的支持需求。

结合实例,介绍了 3D 打印技术在医疗行业的应用,在广度和深度方面都得到了发展。在应用的广度方面,从最初的医疗模型快速制造,逐渐发展到 3D 打印直接制造助听器外壳、植入物、复杂手术器械和 3D 打印药品等领域。在深度方面,随着生物相容性材料的研发取得一定成功,3D 打印也开始涉及制作人体组织器官等领域。

　　然后,介绍了 3D 打印技术在快速制定产品设计方案的应用,可以快速制作出创意设计模型,供评审者对其外观、结构或功能等进行评价,提出修改意见,然后对设计的电子模型进行快速修改,再利用 3D 打印技术制作出产品,供再次评审、修改,如此反复,直到确定产品的设计方案。通过实例,介绍了三方面的内容:设计原型的评审验证,手板模型的快速制作,允许快速、反复修改产品设计。

　　最后,介绍了利用 3D 打印技术制作出小批量的产品,用于展示和销售。结合实例,介绍了 3D 打印直接和间接制造塑料件的各种技术方法,3D 打印直接和间接制造金属零件的各种技术方案。

项目四　3D 打印与创业孵化器

孵化器(incubator)是一种催生新创业企业的机构,也叫创业服务中心。在国家创新战略驱动下,全国各地各种类型的孵化平台数量呈爆炸式增长,为创新创业者提供办公场地、创业指导、资源对接等一系列"管家式"服务,全方位助力创新创业;在孵化器中,3D 打印机是必备的设备。

本项目通过对孵化器的介绍,使学生了解孵化器和 3D 打印技术在促进科技成果转化、培育科技型中小企业和创新创业人才中的重要作用。

项目目标

(1)了解孵化器的特点及需求。

(2)了解 3D 打印与创业孵化器两者之间的密切联系。

(3)掌握 3D 打印在创业中的实际应用。

知识目标

(1)熟悉孵化器的概念、基本特征及功能。

(2)掌握 3D 打印技术助力孵化器的技术路线和过程。

(3)掌握孵化器中的 3D 打印技术快速帮助创业者的过程。

能力目标

(1)学会利用孵化器帮助创业者创业的办事方法。

(2)掌握利用 3D 打印技术帮助创业者创业的技能。

任务 4.1　孵化器的功能和特点认知

 任务描述

介绍孵化器的基本概念及功能,并通过对孵化器自身的条件、特点进行分析,使创业者能够有效地了解创业中面临的各种问题。

 知识准备

1. 对孵化器的认知

孵化器最初是指用禽蛋人工孵化出小禽的一种工具，多为保持恒温恒湿的箱子，现在其意义已经引申，指为创业之初的公司提供办公场地、设备，甚至是咨询意见和资金的专门企业、机构，在物财人智等方面提供支持，帮助初创企业顺利进入市场，站稳脚跟，生存下去；孵化器只在有限的时间里提供这类便利、快捷和便宜的服务，一旦时间到，企业就要移出孵化器，这叫毕业；如果在规定的时间内，企业仍然没有办法靠自己的能力生存下去，也必须离开，这样的企业多半没有发展的期望。孵化器这类公司最早是由大学举办，现在发展到政府主导、非营利性组织和风险投资家创建等多种形式。

现代孵化器就是指以促进科技成果转化、培养高新技术初创企业为宗旨的科技创业服务机构。为初创企业提供资金帮助、管理咨询、办公场地、研发手段、通信与网络等多方面的基础设施、系统全面的帮助、培训，以及专业的咨询、政策、融资、法律和市场等多方面的支持。为初创企业以及创业者提供良好的创业环境和条件，帮助创业者认清市场和发展方向，了解生存的现状，从而降低创业风险和减少创业成本，帮助创业者把研发的成果尽快形成商品进入市场；通过提供综合和专业性服务，帮助和支持新兴的高新技术小企业站稳脚跟，迅速适应市场，进一步成长形成规模，提高高新技术企业的成活率和成功率；同时为社会培养优秀的创业企业和有能力的企业家。

孵化器一般应具备四个基本特征：一是有孵化场地；二是有公共设施；三是能提供孵化服务；四是面向特定的服务对象，即新创办的科技型小企业。

2. 孵化器的发展

孵化器于 1959 年在美国贝特维亚工业中心诞生，到 20 世纪 80 年代初，是美国孵化器发展的初期阶段，主要目标是为了缓解社区的高失业率的状况，主要功能集中在场所和基本设施的提供、基地企业管理职能的配备以及代理部分政府职能（如一些政府优惠政策的诠释和代办）；20 世纪 80 年代中后期，美国孵化器进入第二个发展阶段，孵化器作为一种有利于经济开发的新型工具得到政府的大力推广，专业技术孵化器是美国政府对企业孵化支持系统化的一个重要方面，虚拟孵化器是美国企业孵化支持日趋系统化的另一个标志；20 世纪 90 年代上半期，风险资本的触角伸入孵化器中，孵化器进入第三个发展阶段呈现企业化运作趋势，其主要表现是服务对象向外扩张和服务形式多样化，孵化经营重心由孵化新企业转向对市场机会的识别。

中国引进了美国这一有效的做法，在政府的强力推动下，主要发展科技企业孵化器，其经历了以下两个比较大的发展时期：经典发展时期，这一时期是孵化器

的初级发展阶段,主要特征表现为政府以特殊政策支持其建立和发展,投入大量资金,创造最初级的孵化条件,目前国内多地的孵化器处于此阶段;多元发展时期,也称为中国孵化器第二次创业时期,主要特征为向在孵企业提供全过程、全方位的服务逐步过渡到为创业者提供直接服务、专业化发展、创业投资、网络化发展、盈利性发展、国际化发展,这个阶段才刚开始;未来还会有第三个发展时期,即全球化发展时期,或者叫做第三次创业时期,依托跨国公司、多国政府和跨国投资机构的支持,依托全球资源对世界范围的最新发明进行跨国孵化将是其主要标志。

3. 孵化器的阶段划分

科技孵化器分为四个阶段:原理成果、模型成果、工业成果、成熟成果。与风险投资的萌芽期、成长期、扩张期、成熟期四个时期分别相对应。

4. 孵化器背后支持

我国主要依托政府的支持,在高新技术开发区、经济技术开发区和大学科技园等,建立了大批创业孵化器,促进科技成果转化,鼓励各类科技人员以技术转让、技术入股等形式转化科技创新成果,进行科技创业;非营利企业孵化器绝大多数由地方政府科技部门或高新区等提供优惠条件或政策支持。

另外,在全国双创的热潮中,提出大学生创新创业的氛围下,大部分的一、二本大学内部都设立有孵化器,甚至有的学校还不止一个。与加州大学伯克利分校、麻省理工学院、斯坦福大学设立孵化器是技术或产品驱动不同,国内大学设立的孵化器一般都是从"创业比赛"开始的,并且大多是由 MBA 学员班主导。有的学校,很早就组织发起类似创业比赛的活动:组织团队、确定项目、准备产品、参加路演。现如今,很多学校在比赛之外,也拿出一些场地支持类孵化器项目;更有不少老师、历届毕业生对于早期投资很感兴趣,逐渐开始涉足天使投资领域。

 **任务实施**

1. 孵化器的概念和内涵

孵化器是指为创业初期的公司提供办公场地、公共基础设备、基础性服务、甚至是咨询意见和资金的专门企业,简而言之就是集约地为初创企业提供必要的共性服务和基础设施,如提供场地、行政办公服务、技术和管理方面的培训和咨询、信息支持以及协助企业宣传产品、拓展市场、筹措资金等,帮助创业者把发明和成果尽快形成商品进入市场,提高初创企业存活率的新社会经济组织或机构。通过提供综合服务帮助初创的中小企业快速成熟长大形成规模,降低企业的创业风险和创业成本,提高企业创新的成活率和成功率。

企业孵化器是一种新型的社会经济组织,通过对若干个初创企业提供共性服务,收取办公室租金、服务费或者从企业后期的收获中获益,或者通过政府提供优惠政策,甚至政府购买服务的方式获得效益;若干个初创企业共用基本的软、硬件设施,有助于降低初创企业的运行成本,提高工作效率,增加创业的成功率。

孵化器也可以看成是初创企业的聚集地,拥有新兴企业生存和成长所需的空间和共享服务支持系统,是一种以服务为主的中介性质的新兴企业机构。

为了进一步加强科技企业孵化器建设,大力促进科技成果转化和产业化,努力培育新兴科技企业和新的经济增长点,国家科技部和许多地方政府和机构都提出了大力推进科技企业孵化器建设。在大力发展各种一般类型的科技企业孵化器的同时,要继续推进综合性、专业性孵化器建设,并积极推进各类孵化器之间的信息交流、促进优势互补与资源共享;目的是努力为科技人员创新创业提供更加广阔的舞台,使有志于创业的科技人员都能比较便利地找到成果转化的平台,创业成功。

企业孵化器通过为创业者提供良好的创业环境和条件,帮助创业者把发明和成果尽快形成商品进入市场,提供综合服务的方式,帮助新兴的小企业迅速成长形成规模,提高了初创企业的成活率。

2. 孵化器应具备的条件

作为一个理想的企业孵化器,应当具备以下基本条件。

(1)要有一个孵化企业进驻的物理空间,即一定面积的孵化基地,这个物理空间必须长期由企业孵化器管理机构管理,这个孵化基地要考虑到孵化企业的不同特点,分成不同规模的孵化单元,每一个孵化单元都应具备基本配置,在公用孵化区内装备有一定的基础设施、设备,并向孵化企业提供共享服务,包括文讯、电讯、收发、保安、会议、接待、秘书等基础服务。

(2)拥有一定的协助企业进行产品研究、开发、加工、制造的能力或手段,在企业自身还不具备或没有完善这些能力的时候,提供一定的支持和帮助,使企业能尽快完成相关产品的开发和制造工作,尽快投入市场。

(3)拥有一个健全的软服务体系,其内容包括会计、法律、信息、融资、担保、宣传、商业计划、培训计划、培训教育、市场营销、技术创新企业经营管理顾问等服务。这些服务一般采取三种形式:一是企业孵化器与社会机构联办的服务;二是企业孵化器自身提供的服务;三是引进社会中介机构提供的服务。当然这种服务不是必备的,而且也不是免费的。

(4)拥有一支具有丰富的产品开发、项目管理、市场营销和企业管理经验的企业孵化器管理队伍。

3. 孵化器的基本作用

(1)节省时间。

创业者要想获得必要的硬环境条件,除了要有相当的投资,还需要长时间的筹备。而企业孵化器对这些都准备好了,一般一个小企业从申请入驻企业孵化器到开始正常运转,需要10天左右,比注册一个公司的时间要短很多,在企业运行中,各种手续和管理等可以由孵化器集中办理,省去了初创企业的大量时间和人力。

（2）创业辅导。

初步进入创业大军中的创业者,除了他们掌握的很小一部分资源外,其余部分往往都是零基础,这也正是孵化器需求的主体用户。在整个艰难的创业征途上,创业者迫切需要多方面有经验的专业人士的辅导,除了投资人方面的辅导外,还必须有业务层面的具体指导和服务,因此孵化器提供相应的创业辅导,配备相应创业导师就成为一种必需。当下,大部分创业孵化器选择直接与投资孵化器内项目的投资人合作,通过投资和辅导一体化的方式,直接变投资人为创业导师的方法,来增强孵化器的导师服务能力。

（3）少走弯路。

对于一个小企业,在组建以及运营之初,面临相当多的问题,常常需要做出抉择。如起草公司章程、确定产权关系、合理利用资金、进行融资和市场开拓、申报税等。富有经验的企业孵化器管理人员及有关专家的咨询服务,可以及时帮助企业家做出正确选择。一个好的企业孵化器,还可以帮助入孵企业获得信誉上的保证。比如北京高技术创业服务中心,作为一个严谨规范的企业孵化器,就不是任何企业或创业者可以随便进入的。对于想入孵的企业,他们都有严格的接纳标准,必须满足其条件,并通过严格审查,能够被他们接纳,这个程序可保证入驻企业是一个有着良好市场竞争力和发展潜力的企业。

（4）创业者集聚效应。

企业孵化器努力创造条件,使同时被孵化的创业者能够很方便地进行交流、分享经验和信息,甚至结成业务合作伙伴。这也是具有一个集中化、开放式办公环境的孵化器的最大价值所在,能够让更多团队和资源在一个时空环境下集中,产生交流与合作,从而为跨界的合作、边缘的打破和更多连接机会的出现创造条件,营造创业者集聚效应,提高创业成功率。

总而言之,孵化器可以使创业者大大提高成功机会,因此创业者需要企业孵化器。

4.孵化器的类型

（1）综合性科技企业孵化器。

这是当前创业服务中心的主体,面向社会吸纳可转化的高新技术成果和有发展前景的小型科技企业,为其提供孵化场地和相应的物业管理、投融资、市场开拓、发展咨询、企业管理培训、财务管理、法律和政府政策、资金支持等必要服务,为科技成果转化和科技企业的培育提供良好条件。一般在孵企业的孵化期越长,企业成活率也越高。

（2）大学科技园。

一般由各类大学建立,依托大学的科技资源,面向大学科技成果的转化和校办高新技术中小型企业的培育,同时兼顾社会和与大学具有合作关系的科技型企业的孵化、培养。目前这样的大学科技园在我国有很多,本科大学基本上都有自己的创业孵化器或大学科技园。

(3)专业技术孵化器。

一般依托大学或研究院设立,由综合性科技企业孵化器发展而来,专门针对某个高新技术领域进行成果转化和中小科技企业进行培育,在服务上专业色彩浓郁。目前这类孵化器在我国尚处于发展初期,领域有新材料、新医药、动漫等几类,但发展很快,代表了未来发展的方向。

(4)海外学人孵化器(又称海外学人创业园)。

面向我国每年30多万留学人员和海外华人而设置的专门孵化机构。一般建立在派出留学人员较多、技术资源较密集的大中城市,根据留学人员的特点和需求提供良好的软硬件服务。目前这种类型的孵化器在我国不是太多。

(5)国际企业孵化器。

在联合国专家的帮助下,科技部初步选定了北京、西安、苏州、上海、武汉、天津、成都、重庆等地8个具备条件的孵化器作为试点单位,其主要功能是帮助中国的高新技术企业开拓国际市场,寻求国外合作伙伴,逐步实现跨国经营与发展,同时也为国外的中小型科技企业进入中国市场提供服务。

(6)软件孵化器。

基本属于专业技术孵化器的范畴,但具有科技园区的属性,以中小型软件开发企业为主要培育对象。这样的孵化器目前在我国存在于软件业比较发达的城市,比如广州。

此外还有像专利技术孵化器、行业技术孵化器、海外孵化器等不同类型的孵化器;直接为科技创业者服务,创业者走到哪里,孵化器就跟到哪里的流动孵化站,以及网络化的企业孵化器。

创业者在选择孵化器的时候,要注意各种孵化器的特点,以便寻找到真正适合自身需要的孵化器和孵化模式。

5.企业孵化器的功能

企业孵化器最核心的功能是为在孵企业提供一套推动产品市场化的服务系统;根据服务的作用和价值一般可以分成两大类型的服务。

第一,提供企业所需的基础服务。这里一般是指为在孵企业提供创业所需要的基本工作空间和条件,如Wework的联合办公室,通过为一些小型初创企业提供低价的办公场地,还有琐碎的物业管理服务、生活服务、生产服务和一般的办公服务,通过提供这些服务使创业者从日常的事务中解脱出来,把所有的精力集中在创业业务上。

第二,提供增值服务。与基础服务不同,它涉及面广泛,不仅为在孵企业提供创业期需要的各类技术知识和管理经验等服务,还提供企业管理、市场营销、财务、税收、法律、知识产权保护、贷款担保、管理团队开发建设、幕后策划或顾问咨询、投资战略和联盟、综合性商业培训等。同时它还解决了企业创业期的资金流问题,为创业者沟通各种融资渠道,争取政府的各项专项基金并有针对性地向商业银行、风险投资机构、信用担保机构、投资公司、大企业和个人推荐孵化项目和孵化企业,促进相互之间的合作,为创业融资提供交易平台。

目前已有三分之一左右的创业中心以孵化基金、担保公司等多种形式对孵化企业提供投资、贴息及担保等多种方式的投融资服务,并初步形成了一支创业投资管理专业队伍。许多孵化器将科技、管理、金融、财税、贸易、中介等机构引入中心,一方面保证了政府给创业企业的优惠政策到位,另一方面为创业企业搭建了一个全面服务的平台。

6. 企业孵化器的服务种类

(1)孵化器提供的服务类型。

一是投资促进型。这类孵化器针对初创企业最急需解决的资金问题,以资本为核心和纽带,聚集天使投资人、投资机构,依托其平台吸引汇集优质的创业项目,主要为创业企业提供融资服务,并帮助企业对接配套资源,从而提升创业成功率。这类新型孵化器的典型代表有创新工场、车库咖啡和天使汇等。

二是培训辅导型。这类孵化器侧重对创业者的创业教育和培训辅导,以提升创业者的综合能力为目标,充分利用丰富的人脉资源,邀请知名企业家、创投专家、行业专家等作为创业导师,为企业开展创业辅导。这类新型孵化器的典型代表有联想之星、亚杰商会、北大创业训练营等。

三是媒体延伸型。这类新型孵化器是由面向创业企业的媒体创办,利用媒体宣传的优势为企业提供线上线下相结合,包括宣传、信息、投资等各种资源在内的综合性创业服务。这类新型孵化器的典型代表有创业家、创业邦和36氪等。

四是专业服务型。这类新型孵化器依托行业龙头企业建立,以服务移动互联网企业为主,提供行业社交网络、专业技术服务平台及产业链资源支持,协助优质创业项目与资本对接,帮助互联网行业创业者成长。这类新型孵化器的典型代表有云计算产业孵化器、诺基亚体验中心、微软云加速器、动漫创业中心等。

五是创客孵化型。这类孵化器是在互联网技术、硬件开源和3D制造工具基础上发展而来的。它以服务创客群体和满足个性化需求为目标,将创客的奇思妙想和创意转化为现实产品,为创客提供互联网开源硬件平台、开放实验室、加工车间、产品设计辅导、供应链管理服务和创意思想碰撞交流的空间。这类新型孵化器的典型代表有创客空间、柴火空间、点名时间等。

(2)从发展的历史角度看,孵化器的服务基本上分为三个阶段。

①初级服务。很多孵化器开始就是提供厂房、办公室和很简单的行政服务。

②中级服务。包括技术、交流及市场服务、政策法规和法律服务等。

③高级服务。包括金融服务、天使基金和风险投资,等等。

任务 4.2　3D 打印技术助力孵化器

任务描述

前面简单了解了 3D 打印技术,本任务结合孵化器的特点、条件,介绍 3D 打印技术对于孵化器发展和创新工作的帮助和推动作用。

任务实施

1.3D 打印推动孵化器的发展

3D 打印技术的出现预示着一场新的工业革命的出现,它的使用可以把制造业由大规模、大批量工业重复制作,变为百年以前小型商店的手工匠人模式。也就是说,制造真实的物品可以由资本、技术密集型产业转变成更接近艺术和个性化的单个生产模式。

当然,目前 3D 打印制作的多是实体模型,而非真实的能用的功能产品。目前 3D 打印机主要大量应用于概念模型、工业设计原型等,仅在航空、航天和医药等领域可以直接打印出可用的产品,这些只是小规模生产。

自 3D 打印技术问世以来,3D 打印机在三个问题上有很大的进步。

(1)需要打印的电子三维模型比较容易获得,不管是正向设计,还是反向扫描反求,都有合适的技术手段,比较容易得到三维电子模型。

(2)3D 打印机成形出来的模型精度和力学性能随着技术的进步,已经越来越能够满足生活和工程的要求。

(3)3D 打印方法的经济性随着材料和打印件价格的下降,3D 打印方法越来越为人们所接受。

实际上,随着技术进步的速度越来越快,3D 打印技术所面临的问题会得到进一步的解决。在不到 30 年的时间,3D 打印机已经成为孵化器、创客手中的重要工具。

现在经常能看到这样的现象,在孵化器的某些地方,或者创客空间的一间工作室里,穿着各异但忙碌着的人,身边有一台工作着的 3D 打印机,手上摆弄着电子元器件、各种材料和工具,不用很长的时间,一个新的机构或者产品就诞生了,也许打印出的产品还没有完善到可以销售的地步,但一个新创意的雏形已经诞生,图 4-2-1 所示就是一群创客们正在用 3D 打印机开发制作产品的场景。

图 4-2-1　创客们正在用 3D 打印机开发制作产品

下面,介绍几个 3D 打印技术推动孵化器发展的具体实例。

例 4-2-1　3D 打印技术进驻潍坊高新区的孵化器。

潍坊高新区不仅拥有 5 个国家级和 3 个省级科技企业孵化器,还在潍坊蓝色智谷建成了北京大学燕园科技园、中科创新园、潍坊市工业产学研对接中心及知识产权运营中心等公共服务平台。潍坊高新区还对接硅谷创源孵化器等海外创新源头,建设了山东省 3D 打印与先进制造创新服务平台、潍坊市工业设计中心和 3D 打印专业孵化器,聚集了机械科学研究总院、工信部电子五所、齐鲁股权交易中心等众多研发和金融中介机构,实行"31N"新型政产学研融合发展模式,加速科技成果、创新项目的海外孵化、国内加速转化,累计已有 400 多家企业从众创空间毕业。这些孵化器机构的一个显著的特点是,3D 打印是其主要的服务支撑工具。图 4-2-2 所示为潍坊高新区孵化企业及其 3D 打印设备,以及打印成形的部分零件。

图 4-2-2　潍坊孵化器 3D 打印及其成形的零件

潍坊高新区的孵化器企业,利用 3D 打印技术,在很短时间内快速开发出了智能输液设备、智能穿戴设备、智能网关(如果利用传统模式制作的话,根本不可能完成），并在展会上展示实物。蓝创科技利用 3D 打印技术,在 15 天的时间内就将设计理念转化成实物。如果用传统的机械加工方法,先要制造钢或铝材料模具,如用最先进的数控机床制作,费时费力。而采用 3D 打印技术,直接将设想打印为实物,不需要中间漫长的过程和花费高昂的费用。

3D 打印技术在潍坊高新区的孵化器企业中已进入工业化和实用化应用阶段,用 3D 打印技术直接制作浇铸用的砂型,再利用传统铸造方法制造金属零件,这种方法在新产品试制、单件小批量制造,如模具等零件的制造中有独特的作用。

在潍坊高新区的孵化器企业中,3D 打印技术已广泛应用于企业创新、产品修复、科技服务等多个领域。

例 4-2-2 3D 打印产业为陕西渭南高新区升级带来新机遇。

陕西渭南高新区以 3D 打印产业孵化园为基础,统筹规划建设 3D 打印产业区,孵化企业的方向主要为:新的 3D 打印方法、新材料产业和利用 3D 打印的高端装备制造、医疗卫生、文化创意等方面,还在 3D 打印技术咨询、检测、检验等领域建立了公共服务平台。依托西安的高校资源,支持企业在系统集成、提供解决方案、再制造等方面开展增值服务。同时,鼓励有条件的企业,延伸扩展研发、设计等业务,为其他需要的企业提供 3D 打印社会化服务与支持。

陕西渭南高新区以创建国家级 3D 打印数字智造产业培育示范基地和渭南国家新材料高新技术产业化基地为目标,不断推动制造业向高端化、智能化方向发展,有力地推进了渭南市乃至陕西省的产业升级转型。图 4-2-3 所示为陕西渭南高新区 3D 打印培育基地。

图 4-2-3　陕西渭南高新区 3D 打印培育基地

例 4-2-3 广州 3D 打印产业园及产业孵化器。

3D 打印产业园是广州市唯一一家以 3D 打印技术产业为载体的集 3D 打印产业设计、研发、软件开发、整机制造和材料供应为一体的新业态产业园区。广州 3D 打印产业园的成立,走的是内部孵化路线。该园区由晟龙公司牵头在广州市荔湾区成立,招收正在做 3D 打印的初创企业进入园区,先孵化再发展。园区管理方利用自己曾运营同类型企业的经验,塑造园区产业链的内部孵化形式获得了一定效果。

目前广州 3D 打印产业园进驻的企业已有多家。广州 3D 打印技术产业联盟的会员涵盖华南理工大学、中科院广州电子研究所、广州市社科院等科研机构及3D 打印技术行业的设计、研发、制造、供应、应用等上下游产业链企业,园区的内在服务策略已有了较丰富的积累。但结合园区面积较小,属于民营且资金短缺的情况,园区未来的发展虽然让人期待,但也存在许多变数,如能否顺利实现扩容,将更多的 3D 打印企业与工业设计企业囊括其中仍有待观察;同样,未来园区能否实现形成 3D 打印产业链的愿景,并成为广州 3D 打印产业的集聚地与人才输送地,仍需留给时间检验。

2.3D 打印技术达成创新创业梦想

随着技术的不断创新和在各行各业应用的日益深入,3D 打印不仅改变了汽车、航空航天、建筑和家电等行业的制造方式,而且已渗透到我们的衣食住行、医疗和教育等方方面面,真正做到了创新科技改变生活。

3D 打印网介绍了福州一创业者,他的创业由一次偶然的机缘开始。有个用户想定制一个市面上还没有售卖的卡通玩偶送给女朋友作为生日礼物,这时创业者才开始接触 3D 打印,通过一番调研,并借助三维设计软件,设计出图形,找到3D 打印机打印出来,最后抛光、上色、包装。这件独一无二的玩偶就制作出来了,并得到了客户的好评。从这次经历后,他开始关注 3D 打印,并渐渐开始个性化定制这个业务,走上了创业之路。

重庆首家 3D 打印馆是另外一个实例。该馆创始人开始是做工业设计服务的,通过一段时间的摸索,发现 3D 打印很有市场,就开始做"3D 打印人像"。经过了一段艰苦的创业过程,日前,该 3D 打印馆不但做人像,还做 3D 水晶内雕产品,业务方式多元化,如 3D 打印馆采取与房地产、影楼合作的方式来扩大业务量和范围。

福州市海峡两岸青年创业孵化中心的福州库拉信息科技有限公司,是一家从事 3D 打印技术研发和 3D 打印的应用、普及、推广公司。该公司的创立者对用 3D 打印技术开拓市场深有体会。他介绍,从理论上来说,3D 打印可以与所有的制造业方法产生关联,关键是需要创业者去探索,利用创新意识和灵活思维去捕捉所需的信息,然后借助 3D 打印去快速实现。例如,NBA 球员的脚都很大,因此球鞋必须订制,一般制鞋厂都没有符合球员的鞋底模具,这时候 3D 打印就派上用场了。该公司就曾为多名 NBA 球星,制作过专用的鞋底。如图 4-2-4 所示为 3D 打印球鞋,这双 3D 打印的耐克球鞋名为 Vapor Laser Talon Boot(蒸汽激光爪鞋)。球鞋基板采用了选择性激光烧结技术,该技术能使鞋子的自身重量减轻并缩短了制作过程,不仅外观看起来酷炫,而且该球鞋还拥有优异的性能,能提升足球运动员在前 40 米的冲刺能力。

国外成功的案例更多,如伦敦设计工作室 Shiro Studio 创造了一款名为ENEA 的 3D 打印手杖,解决了常见移动辅助设备的视觉美观和使用方便性不能兼顾的问题。由于该手杖的内部结构设计成多孔的,因此 ENEA 手杖非常轻。它

图 4-2-4　3D 打印球鞋

有一个圆滑、优雅、不同寻常的三叉式手柄,还有一个挂钩。这是世界首款全 3D 打印手杖,既实用又美观,使用方便,可以挂在桌子旁。如图 4-2-5 所示为 3D 打印 ENEA 手杖。

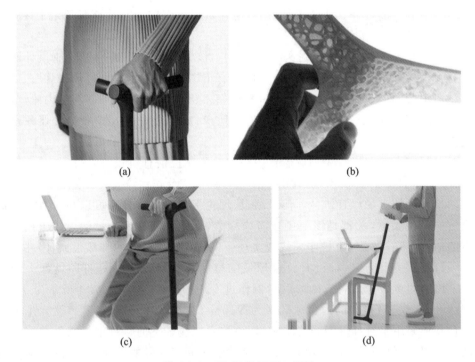

图 4-2-5　3D 打印 ENEA 手杖

　　3D 打印可以帮助创业者优化产品研发,提升研发过程中的效率,降低成本,将创新的力量赋予每一个团队和每一个个人,最大限度地挖掘商业潜力,从而推动"大众创业,万众创新"。

任务 4.3　利用 3D 打印技术快速帮助创业者

任务描述

3D 打印技术,作为一种新型的先进成形技术,能够快速帮助创业者完成创意的实体制作,营造有利于孵化器发展的环境。通过引入 3D 打印技术,孵化器能为创业者提供便捷的服务,使得科技"孵化模式"促进企业技术转型,加速高新产业聚集。下面介绍一些利用 3D 打印帮助创业者实现创业梦想的具体案例。

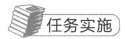任务实施

1. 3D 打印人像

人在某些特殊的时刻,需要把自己或亲人、朋友的声音、图像等留存下来,或与大众分享,以前是利用胶卷拍摄照片,然后冲洗出照片;现在流行用数码相机直接拍摄电子照片,这些都是平面的;目前出现了用 3D 打印技术打印出立体人像的方式。图 4-3-1 是 3D 人像打印过程示意图,其具体过程如下。

(a) 拍摄扫描

(b) 电脑建模

图 4-3-1　3D 人像打印过程示意图

(c) 人像打印

续图 4-3-1

第一步,拍摄扫描。选择您最能展示自我的姿势,保持数秒,3D 扫描仪就能扫描出最准确的 3D 人像数据。

第二步,电脑建模。用计算机软件检查扫描数据,将数据匹配融合,形成人体的三维模型。

第三步,人像打印。将三维人体数据导入彩色三维打印机进行打印,经过一段时间的打印,完成 3D 人像制作,最后经过后处理,完成完整的立体人像制作。图 4-3-2 所示为 3D 打印求婚过程的人像。

图 4-3-2 3D 打印求婚过程的人像

2. 使用 3D 打印技术开发出更为舒适的高跟鞋

近来,3D 打印的鞋子、服装和服饰在时尚界已经司空见惯,但目前大多数设计师们关注的是其概念和外观,而在功能以及舒适性方面涉足的人却很少。最近，美国加州的一位设计师借助 3D 打印技术来改变已经折磨女性两个世纪的宠物——高跟鞋。

3D 打印减震高跟鞋 Thesis Couture 项目的领导者 Dolly Singh，发现高跟鞋的基本结构非常简单，主要依赖于三种材料：金属板、金属柄和一点压缩纸板，剩下的部分基本上属于美学方面。于是，Singh 便带着自己的 Thesis Couture 项目进入了孵化器 Founder's Institute。从此之后，她和她的团队借助孵化器提供的各方面帮助，努力开发舒适但又不失时尚的高跟鞋，对高跟鞋从内到外进行了重新设计，并使用结构工程技术和先进的材料，使得细高跟鞋承受的压力得到重新分配。

在传统意义上，产品开发人员要制作出设计原型并不是很容易的事情，而且也不便宜。幸运的是，3D 打印技术能给予开发人员很大的帮助。Thesis Couture 项目的 Singh 找来了工业工程和现代塑料方面的专家 Matt Thomas。由他带领这支创业团队将 3D 打印技术用于自己的产品设计和原型开发中。如图 4-3-3 是高跟鞋设计的 CAD 模型及 3D 打印原型图。他们使用了工业级聚合物，这不仅使原型制造变得更加容易，得到的结构也更能够有效地支撑使用者的重量。在 3D 打印技术的帮助下，该公司的 Thesis Couture 高跟鞋原型制作非常顺利。

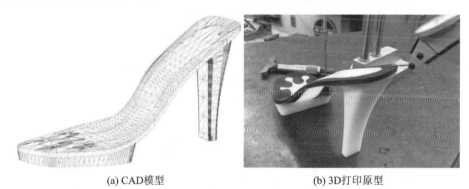

(a) CAD 模型　　　　　　　　(b) 3D 打印原型

图 4-3-3　高跟鞋 CAD 模型及 3D 打印原型图

3. 使用 3D 打印的人造皮肤来测试化妆品

欧莱雅科技孵化器和生物 3D 打印公司 Organovo 合作，最近宣布了他们研发的结果：研发出了非常接近真实人体皮肤的组织，供欧莱雅公司用来测试化妆品产品。Organovo 的技术主要是先建立特定组织的设计架构，然后用"生物墨水"，其实也就是细胞来打印组织，这项技术还允许组织垂直打印并形成分层。如图 4-3-4 所示，借助 Organovo 公司的 NovoGen 生物 3D 打印平台，可进一步缩小人工皮肤样品培养的周期，为欧莱雅公司加快了新产品的测试进度并降低了成本；另外，可以进一步研发出一些特定的人工皮肤。NovoGen 可识别出关键架构和组成元素，有针对地组织和创建特殊配方的 bio-ink 生物墨水，以及多细胞构建模块，从而打印出特定的人工皮肤，用于特殊要求的测试。

图 4-3-4　使用 3D 打印技术制作的人造皮肤

　　在和 Organovo 合作之前,欧莱雅其实已经有使用体外皮肤组织的业务,但它依然选择尝试更新、更有效的技术,而且新技术还有可能降低生物工程的成本。3D 打印技术也为欧莱雅开拓了更多可能性空间,它可以根据人们的需求定制色彩、形状等不同的产品,比如一个顾客就喜欢星巴克绿,那它可以用仿真皮肤看看这个绿色抹在眼皮上到底好不好看。这项新技术能够帮助欧莱雅科技孵化器加快品牌的更新速度,而且其创新能力和供应链都会得到改善。

4. 3D 打印帮助制作显微镜

　　高昂的实验设备,如显微镜,不是随便可以拥有和使用的。中国 3D 打印网介绍了一个成功的案例,由德国蒂宾根大学和英国瑟赛克斯大学的研究人员合作,使用 3D 打印技术和微型计算机结合打造低成本、DIY 的实验室设备。这项实验最近发表在《生物学公共科学图书馆》杂志上,研究结果是:神经科学家团队使用 3D 打印技术和微型计算机来创建一个低成本的显微镜成像系统,由于低廉的价格且便于实施,该系统可以在全世界各地的学校和实验室中部署。

　　这个项目名为 flypi,DIY 设备是完全开源的。flypi 利用 3D 打印的零件,Raspberry Pi 微电脑和一些低成本的电子元件(如 LED 和摄像头等),将它们组装在一起,如图 4-3-5 所示。它可以用于许多不同的实验,包括光遗传学(控制细胞的光)、动物(例如果蝇、斑马鱼幼体)行为研究,当然还可用于更多应用,如材料的显微组织等。这样的一套系统,制作费用仅 100 欧元。

5. 3D 打印太阳能灯

　　非洲的肯尼亚、乌干达和坦桑尼亚之间有一个维多利亚湖,以前,渔民晚上出门只能依靠油灯,但现在,他们使用的是太阳能 LED 灯(见图 4-3-6),来代替传统油灯,这样更安全,更环保,而且更明亮。

　　这些太阳能灯是由 Simusolar 开发的 ,Simusolar 依靠 3D 打印技术来制造其部件。Simusolar 最初尝试使用小型分包商制作零件,在尝试后意识到,零件的复杂性需要分包商具有更多的高端设备后,该公司转而寻求 Sculpteo 及其 SLS 3D 打印技术。"Sculpteo SLS 工艺具有更高的 3D 打印精度,并以合理的价格制造出更为结实的零件"。大多数厂商收取基础费,以及材料和机器的耗时和磨损费用。Sculpteo 打破了这个模式,仅仅收取材料和工时费,所以成本较低,还可以提供一

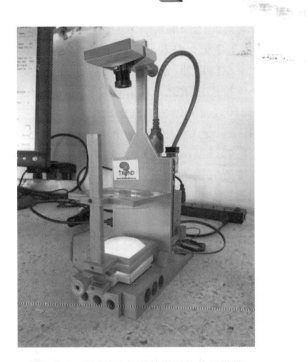

图 4-3-5　利用 3D 打印技术制作的显微镜

图 4-3-6　利用 3D 打印技术制作的太阳能灯

些小巧的零件,这些零件需要专门制作,但 3D 打印出来,每件也只需要很少的费用。整体太阳能灯的成本和外观、功能还是很有竞争力的。

从这个实例出发,3D 打印和太阳能发电结合在一起发展是一条新的发展之路。首先,3D 打印已被用于制作更高效的太阳能收集器;其次,在非洲尝试过太阳能 3D 打印机,即太阳能还可用于为 3D 打印机提供动力。

6. 3D 打印技术打造新型的汽车座椅

Klara 是奥迪汽车打造的一款人工智能概念车。Klara 虽然在外观上与奥迪 A1 相似,但是在功能上却更加智能化。奥迪通过这款概念车来探索如何利用感性技术来建立驾驶员与汽车之间的沟通,甚至建立人机信任的反馈。

Klara 概念车的汽车座椅也与常见的轿车座椅大不相同。这款汽车座椅除了给车主带来舒适的驾乘空间以外,还有一个重要的功能就是为人与汽车进行互动与情感沟通搭建起一座桥梁。概念车设计团队针对 Klara 汽车座椅的特殊需求,打造了一款带有 3D 打印轻量化结构的汽车座椅。

奥迪公司表示,Klara 概念车中有 39 个电动调节马达在金属车体之下工作,凭借一整套灵敏的传感器,Klara 概念车以交互和主观的方式对其周围环境作出反应。如果车辆觉得接近它的人是友善的,那么就会通过闪烁灯光来迎接他们。不过,Klara 还能够通过"咆哮"来表达不满。

在进行概念车座椅设计时,设计团队也秉承了 Klara 概念车的整体设计理念。奥迪发展与创新中心与 Braunschweig 大学设计专业的学生团队共同承担了概念车座椅的设计与 3D 打印工作。

概念车座椅由轻量化的 3D 打印框架结构和一些动态部件以及织物组成。设计团队分为三个小组来打造这款座椅,三个小组分别负责设计与制造,材料与舒适度,以及动力与响应。

座椅采用了参数化设计。座椅具有轻量化的框架结构,该结构能够容纳一系列的活动部件。设计与制造小组使用 BigRep 大型 3D 打印机和一种可降解的塑料材料 Pro-HT Plastic 制造了概念车座椅的轻量化框架结构。图 4-3-7 所示的是 3D 打印的汽车座椅骨架。

图 4-3-7　3D 打印的汽车座椅骨架

动力与响应小组定制了 38 个可活动的部件(开关),并将它们安装到 3D 打印框架结构的表面。这些部件的视觉和触觉特性能够进行动态调整,以响应不断变化的驾驶条件。材料与舒适度小组在座椅的 5 个独立的区域安装了高性能织物,使汽车座椅更加稳定和舒适。图 4-3-8 所示的是在 3D 打印框架上安装开关部件。设计团队相信,这一设计理念将在未来自动驾驶车辆中发挥作用。

3D 打印技术在概念车制造领域中的应用主要有两个层面,其中的一个层面是应对紧迫的交货期和高昂的小批量制造成本。汽车厂商通常只需要制造出极

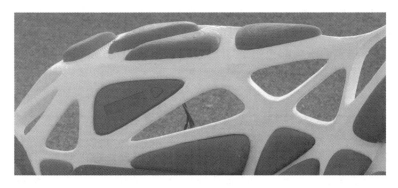

图 4-3-8　在 3D 打印框架上安装开关部件

少量的概念车,在没有昂贵模具成本的情况下,3D 打印技术可以直接制造出定制车辆所需的零部件,在交货期和成本方面更具优势。

7.3D 打印进校园

3D 打印技术正在一步步走出实验室,走向现实生活。在发达国家,3D 打印已进入了中小学校园。随着近些年我国对 3D 打印的重视,中小学校不断加大科技教育力度,围绕开设创新、创客教育和学生科技活动等主题,将 3D 打印这种科技含量高的设备引进校园,通过开设特色科技课程培养学生们的动手实践能力,让他们感知科技魅力,点燃科学梦想,并推动学校的智慧化校园建设。通过运用最新的 3D 打印机、3D 打印笔等设备,让同学们对全球的最新科技有所了解,充分发挥他们的想象力和创造力,培养他们对 3D 打印技术的兴趣和爱好。如图 4-3-9 所示为吉林省船营区双语实验小学开展的科技活动,同学们在培训老师的指导下使用 3D 打印笔,创作出自己喜欢的作品。

图 4-3-9　3D 打印走进课堂

在教育领域推广 3D 打印技术,对培养学生们的创造力和想象力,提升创新素养有重大意义。将校园作为 3D 打印技术普及的始发站,是非常正确的选择。相信未来,越来越多的学校都会引进 3D 打印机,开展 3D 打印课程,帮助学生学习和创新。

项目小结

本项目主要学习了孵化器的基本概念和需求特点。孵化器与 3D 打印技术的结合,为创业者提供了高效、快捷的共性服务,帮助初创企业快速把设想变成产品。通过真实的事例,来说明 3D 打印能在不同的领域,通过不同的方式,帮助创业者完成梦想。希望学生通过本项目的学习,能认识到先进的制造技术可以助力孵化器的发展。通过呈现相关成功案例,可以让学生较为清晰地认识到 3D 打印技术快速帮助创业者的能力。

项目五 "互联网＋3D 打印"服务

3D 打印作为新一代革命性制造技术,与互联网信息技术相结合,合力推动制造行业的大变革,加快促进工业 2025 的发展,加速迎接工业 4.0 时代的到来。利用互联网的无限连通性,加上数字驱动的 3D 打印技术,使创业如虎添翼,两者的结合必将成为推动加快创业、加快建设创新创业的社会的强劲动力。

"互联网＋3D 打印"是 3D 打印行业快速发展的一个契机和基础,人们可以在互联网上交流学习 3D 打印知识、分享 3D 打印产品经验、扩大业务渠道、完成分布式打印任务,等等。互联网时代的最大特点之一就是大数据,大众也可以通过互联网学习到专业知识,然后进行创新、创业。3D 打印让个人生产成为可能,促使社会大步走进"大众创业,万众创新"的新时代。

本项目通过对"互联网＋"与 3D 打印融合的学习,使学生能够认识到"互联网＋3D 打印"为创客和创新者带来了便捷的学习交流的机会,更好地服务于创业者的特质。此外,也能让学生了解到,通过互联网平台,更能体现出 3D 打印的优势。

项目目标

(1)了解"互联网＋3D 打印"融合后的优势。

(2)掌握"互联网＋3D 打印"为人类社会带来的科技进步。

(3)掌握"互联网＋3D 打印"为创客创新者服务的方法。

知识目标

(1)掌握互联网与 3D 打印的内涵及其融合过程。

(2)熟悉互联网平台的概念及与创客的关系。

(3)熟悉"互联网＋3D 打印"高效制作产品的优势。

能力目标

(1)掌握应用"互联网＋"与 3D 打印提升产品制作效率的技能。

(2)掌握应用"互联网＋3D 打印"提升服务效率的方式。

(3)掌握基于"互联网＋"时代下,利用 3D 打印技术服务未来创新创业的能力。

任务 5.1 "互联网＋3D 打印"服务优势认知

 任务描述

"互联网＋"与 3D 打印的跨界融合,极大地便利和激发创客活动,而创新也往往在跨界融合中产生。通过学习"互联网＋"的发展特点,3D 打印服务与其融合的优势,理解"互联网＋"与 3D 打印融合在帮助创新创业中独特的作用,通过大量的实例介绍,认识"互联网＋3D 打印"的优势,体会二者融合的方法。

 知识准备

1. 互联网的发展

在"互联网＋"时代讨论创客和创客空间,互联网便是一个极为重要的要素和手段。互联网的神奇在于将发明工具和生产工具通过网络大众化。一方面,任何有创意的个体都能通过设计软件把想法变成设计电子模型;另一方面,创客通过互联网提供的联络,可将设计的方案变成一个可以在任何地方实现的产品,然后通过 3D 打印制成产品,走向市场。可以说,"互联网＋3D 打印"是把创新、创意和创业连接起来的必要工具。

互联网降低创业者创业的门槛,方便他们之间进行联系,同时也为创客们的各种创意项目的启动、经营提供了筹资渠道,创客们可以通过"众投"网站募集创业资金,在这种网站上,原创者可以为自己正在进行的一些项目设计出一些赞助等级,以及设定完成某项计划所需的最低金额,然后进行申请,创业者从而筹集到需要的资金,这种方法对创业资本获取途径带来了根本性的变化。

如今,互联网作为一种将创意转化为现实的基本工具和渠道已经渗透到各个行业,对于未来创新创业的发展将起到至关重要的作用。创客空间作为未来制造业的一个助推器,互联网对于它来说越来越重要。同时,通过互联网分享和广泛传播,可以让更多的兴趣爱好者置身于创新创业领域,创客空间规模和发展也由于互联网效应呈现快速增长的趋势。

2. 国外 3D 打印服务平台

目前世界上已有上百家提供 3D 打印服务的公司,随着 3D 打印业务量的增长,提供打印服务的公司还在不断增长、扩大。国外著名打印服务公司有 Shapeways、Materialise、Sculpteo 和 Ponoko 等。

1)Shapeways

Shapeways 是由荷兰皇家飞利浦电子公司于 2007 年创立,4 年后公司总部从

荷兰搬到纽约,目前是全球领先的 3D 打印交易平台和在线服务社区,利用 3D 打印技术为客户定制他们设计的艺术品、首饰、小饰品、玩具等,客户也可以通过 Shapeways 线上平台将创意产品销售出去。图 5-1-1 为 Shapeways 线上平台的主页面图。

图 5-1-1　Shapeways 线上平台主页面

2）Materialise

Materialise 是比利时全球知名的 3D 打印技术服务提供商,于 1990 年成立,起源于欧洲十大学府之一的鲁汶(Leuven)大学。

目前公司推出了全球在线 3D 打印平台"i. materialise",为个人消费者提供在线 3D 打印服务。图 5-1-2 为 Materialise 线上平台主页面。作为第一批欧洲 3D 打印技术服务机构之一,该公司一直坚持研究和服务于 3D 打印技术。现在 Materialise已发展成为全球 RP 快速成形/RT 快速模具/RM 快速制造解决方案的一大供应商。公司提供的解决方案还包括 3D 打印前处理软件,模具报价、设计、加工、数字化 CAD 等相关软件。

图 5-1-2　Materialise 线上平台主页面

3）Sculpteo

Sculpteo 是全球在线 3D 打印服务领域的著名企业之一，总部位于法国，成立于 2009 年 6 月。客户可以将自己设计的 3D 模型上传到 Sculpteo 线上平台，公司将其打印成实际物品。设计师也可以在网上开网店出售创意设计的作品。此外，Sculpteo 开发了第一款集设计、购买、打印、寄送 iPhone 外壳等服务于一体的应用程序，并在 2013 年美国国际消费电子展（CES）上荣获最佳创新奖。图 5-1-3 为 Sculpteo 线上平台主页面。

图 5-1-3　Sculpteo 线上平台主页面

4）Ponoko

Ponoko 是新西兰惠灵顿的一家 3D 打印服务公司，它顺应"云制造"潮流，为 3D 打印提供网上交互平台。即便没有 3D 打印机，用户也可以利用 Ponoko 平台服务创建在线店面来销售自己的设计，几天后就能邮寄到客户手中。这些设计不限于 3D 打印塑料玩具，还包括很多艺术款式和创新技巧。图 5-1-4 为 Ponoko 线上平台主页面。

图 5-1-4　Ponoko 线上平台主页面

任务实施

1.互联网的特点

互联网是集现代通信技术、网络技术、信息技术、计算机技术等众多技术为一体，把世界联系在一起的一种技术。互联网已经深入影响到人们生活、生产的方方面面，现代人的生活已经离不开它。

互联网在现实生活中应用很广泛。在互联网上可以看新闻、聊天、玩游戏、查阅资料；在互联网上还可以进行广告宣传和购物，实时互动。互联网给现实生活带来很大的方便。人们在互联网上可在数字知识库里寻找自己学业上、事业上所需的资源，在工作、生活、娱乐、交流与学习等方面得到极大的帮助。互联网受欢迎的根本原因在于它的使用成本不高，使用得到的价值（信息）超高。深入影响人类的互联网有如下一些特点。

（1）资源共享。

互联网把世界联系在一起，每个使用网络的人，既享受互联网带来的方便，也成为网络上的一个资源，加上人类已经积累了数千年的知识，构成了网络上极其丰富的资源。在网络上，几乎大部分资源都可以共享，人们利用网络，可以最大限度节省成本，提高效率。

（2）超越时空。

在网上可以看新闻、聊天、看电影、查资料、交流、学习等，网络上的资源可以超越时空进行使用。比如，在网上进行远程教育不受时间、空间的限制，在方便的时候，只要连接上网络，随时随地可以进行学习；但传统的教育方法，比如送孩子去参加某培训班，需要在规定的时间送过去，还要在规定的时间接回来，这要花费大量的时间和费用，可能还要担心未及时赶到时孩子的安全问题。而现在可以把商品摆在网上，产品可以超越时空行销到全世界，而不受国家、地区、时间的限制。再例如，以前买机票，都要到民航代购点去，现在任何人只需打开网络，就可以上网订票，方便极了。

（3）实时交互性。

听广播、看电视，只能被动地接受广播台、电视台所播放的节目，这个广播台播什么，电视台放什么，就听什么、看什么，没有选择；不能选择自己喜欢的内容，否则只能调台或者不听、不看，但是今天的互联网就不是这样；想看什么内容，就选择什么内容观看（如喜欢篮球，就可以进入体育网站的篮球栏目），还可选择自己喜欢的消息、人物、动态等去关注、了解。同时，想和什么人交流都没有障碍，既可以用文字，也可以用声音、视频等。

（4）个性化。

个性化是指在互联网上，资源很多，各具特色，可以满足各种要求，同时还可

以根据顾客的需求去定制产品或者资源,以满足每个人的特定或专门需求;比如戴尔电脑公司,你可以把需要的电脑配置提供给戴尔,戴尔公司会根据你的需求去生产电脑,然后再发给你。

(5)公平性。

在互联网上,人们发布和接受信息的机会是平等的,互联网上不辨国籍,不分地段,不讲身份,不看年龄,不论男女,对所有的人,机会都均等;人类社会的不平等、等级观念、制度等,在网络上几乎没有作用。

(6)人性化。

人性化理念是指在体现美观的同时能根据消费者的生活习惯、操作习惯来方便消费者,既能满足消费者的功能诉求,又能满足消费者的心理需求。人性化是让技术和人的关系协调,即让技术的发展围绕人的需求来展开。现在网络上的操作简单,使用方便,人性化程度很高。

2.“互联网＋”的内涵和国家行动计划

“互联网＋”实际上是创新 2.0 下的互联网发展新形态、新业态,是知识社会创新 2.0 推动下的互联网形态演进。新一代信息技术发展催生了创新 2.0,而创新 2.0 又反过来作用于新一代信息技术形态的形成与发展,重塑了物联网、云计算、大数据等新一代信息技术的新形态。新一代信息技术与创新 2.0 的互动与演进推动了“互联网＋”的出现。互联网随着信息通信技术的深入应用带来的创新形态演变,本身也在演变中,并与行业新形态相互作用共同演化,如同以工业 4.0 为代表的新工业革命以及 Fab Lab 创客为代表的个人设计、个人制造。可以说“互联网＋”是新常态下创新驱动发展的重要组成部分。

“互联网＋”提出的背景与思路,有点类似美国的工业互联网理念。“互联网＋”是希望用国内相对优质与国际领先的互联网力量去加速国内相对落后的制造业的效率、品质、创新、合作与营销能力的升级,以信息流带动物质流,推进整体产业的技术升级和国际影响力。

“互联网＋”也认为是“信息化促进工业化”提法的升级版。如在智慧民生服务当中,强调用户体验,利用“互联网＋”可以促进市民真正参与到服务创新中来。例如,有学生基于创新 2.0 的理念做过一个叫做 CityCare 的项目,通过市民移动端的应用收集对社区的意见和建议,发动其他社区成员点赞支持,从而推动管理部门做出改善,之后改进的结果又可以反馈给市民。

“互联网＋”是两化融合的升级版,不仅仅是工业化,而是将互联网作为当前信息化发展的核心特征,提取出来,并与工业、商业、金融业等服务业全面融合。这种融合不是简单的叠加。不是一加一等于二,一定是大于二。

“互联网＋”中的“＋”是传统行业的各行各业,“互联网＋”模式,从全面应用到形成第三产业,形成诸如互联网金融、互联网交通、互联网医疗、互联网教育等新业态,而且正在向第一和第二产业渗透。过去中国互联网十几年的发展,加通信是最直接的,加媒体已经开始颠覆了,还要加娱乐、网络游戏、零售行业。当医疗遇上互联网,无论是智慧医疗、移动医疗,还是医疗信息化,互联网在医疗行业发展中所扮演的角色都在从"辅助者"向"引导者"转变。

2015 年 7 月,国务院印发《关于积极推进"互联网+"行动的指导意见》。《指导意见》围绕转型升级任务迫切、融合创新特点明显、人民群众最关心的事情,提出了 11 个具体行动的领域:

(1)"互联网+"创新创业,充分发挥互联网对创新创业的支撑作用,推动各类要素资源集聚、开放和共享,形成大众创业、万众创新的浓厚氛围;

(2)"互联网+"协同制造,积极发展智能制造和大规模个性化定制,提升网络化协同制造水平,加速制造业服务化转型;

(3)"互联网+"现代农业,构建依托互联网的新型农业生产经营体系,发展精准化生产方式,培育多样化网络化服务模式;

(4)"互联网+"智慧能源,推进能源生产和消费智能化,建设分布式能源网络,发展基于电网的通信设施和新型业务;

(5)"互联网+"普惠金融,探索推进互联网金融云服务平台建设,鼓励金融机构利用互联网拓宽服务覆盖面,拓展互联网金融服务创新的深度和广度;

(6)"互联网+"益民服务,创新政府网络化管理和服务,大力发展线上线下新兴消费和基于互联网的医疗、健康、养老、教育、旅游、社会保障等新兴服务;

(7)"互联网+"高效物流,构建物流信息共享互通体系,建设智能仓储系统,完善智能物流配送调配体系;

(8)"互联网+"电子商务,大力发展农村电商、行业电商和跨境电商,推动电子商务应用创新;

(9)"互联网+"便捷交通,提升交通基础设施、运输工具、运行信息的互联网化水平,创新便捷化交通运输服务;

(10)"互联网+"绿色生态,推动互联网与生态文明建设深度融合,加强资源环境动态监测,实现生态环境数据互联互通和开放共享;

(11)"互联网+"人工智能,加快人工智能核心技术突破,培育发展人工智能新兴产业,推进智能产品创新,提升终端产品智能化水平。

国家提出制定"互联网+"行动计划。随着互联网深入应用,特别是以移动技术为代表的普适计算、泛在网络的发展与向生产生活、经济社会发展各方面的渗透,信息技术推动的面向知识社会创新形态的形成日益受到关注。创新形态的演变也推动了互联网形态、信息通信技术形态的演变,物联网、云计算、大数据等新一代信息技术作为互联网的延伸和发展,在与知识社会创新 2.0 形态的互动中也进一步推动了创新形态的演变,涌现出 Web2.0、开源软件、微观装配、创客等创新 2.0 的典型案例以及 AIP、LivingLab、FabLab、创客、维基、威客、众包众筹等创新 2.0 典型模式。

国家提出创新驱动发展"新常态",提出充分利用新一代信息技术发展和知识社会的下一代创新机遇,简政放权、强化法治、鼓励创新创业、激发市场和社会活力,并出台一系列鼓励大众创新、万众创业的举措。十二届全国人大三次会议上的政府工作报告中提出的"互联网+"也就具有了更丰富、更深刻、更富时代特征的内涵。报告中指出新兴产业和新兴业态是竞争高地,要实施高端装备、信息网络、集成电路、新能源、新材料、生物医药、航空发动机、燃气轮机等重大项目,把一批新兴产业培育成主导产业。制定"互联网+"行动计划,推动移动互联网、云计算、大数据、物联网等与现代制造业结合,促进电子商务、工业互联网和互联网金融健康发展,引导互联网企业拓展国际市场。国家已设立大笔新兴产业创业投资引导基金,要整合筹措更多资金,为产业创新加油助力,并全力推进创新、创业,全面激发市场和社会活力,进入创新 2.0 时代创新驱动发展的"新常态"。

3."互联网+"与 3D 打印如何融合

个人电脑互联网、无线互联网、物联网等,都是互联网在不同阶段、不同侧面的一种产物。未来"连接一切"时代还有很多的发展空间。当然"互联网+"不仅仅是连接一切的网络或者还能将这些技术应用于各个传统行业,甚至新兴行业。除了无所不在的网络(泛在网络),还有无所不在的计算(普适计算)、无所不在的数据、无所不在的知识,一起形成和推进了新一代信息技术的发展,推动了无所不在的创新(创新民主化),催生了以用户创新、开放创新、大众创新、协同创新为特点的面向知识社会的创新 2.0。正是新一代信息技术与创新 2.0 的互动和演进共同作用,改变着人们的生产、工作和生活方式,并给当今中国经济社会的发展带来了无限的机遇。

中国政府提出的"互联网+"概念是以信息经济为主流经济模式,体现了知识社会创新 2.0 与新一代信息技术的发展与重塑;以"互联网+"为载体的知识社会创新 2.0 模式是创新驱动的最佳选择。"互联网+"不仅意味着新一代信息技术发展演进的新形态,也意味着面向知识社会创新 2.0 逐步形成演进、经济社会转型发展的新机遇,推动开放创新、大众创业、万众创新,推动中国经济走上创新驱动发展的"新常态"。

互联网改变了人类的生活,并与各种传统产业结合,产生出新业态,互联网当然也可以和新兴技术、产业结合,如互联网与 3D 打印的跨界组合将产生更多创新和创业的机会;3D 打印作为新一代革命性制造技术,与移动互联网信息技术相结合,共同推动行业的大变革;"互联网+3D 打印"的力量也催生出新的商业模式,这些模式有些已经正常运行,还有更多的模式有待去进一步发展和挖掘。激发创新活力,让每个人都得以发挥想象力,使得个人生产成为可能。

在商业模式的创新方面,用户可以通过 3D 打印服务和交易的网络平台,诸如国外的 Shapeways、Ponoko、i. materialise 等平台进行购买设计、订购 3D 打印产品,国内也有与国外同样的平台被催生,这些平台也可以自己开网店,出售设计、

3D打印产品,个人订购者还可以委托平台设计、打印产品,或委托打印自己设计的产品,等等。设计师、生产者以及消费者之间的交流和交易成本大大降低,时间大大缩短,甚至彼此之间的界限也开始变得模糊。

还有,"互联网＋3D打印"带给我们更多的创造空间。通过互联网将人们联系起来进行头脑风暴,产生创意,然后大家共同讨论完成设计,就近选择3D打印机进行生产,并进行推广销售。两者的融合,使得好的创意能够快速地转换为产品并抢占市场。

互联网不仅仅是一个工具,3D打印机提供产品和服务得从产品的设计、开发、终端销售到客户服务的全部,做一个全流程的在线化、互动化、联网化平台,实时响应用户需求,促使公司的业务快速传播和建立。

互联网具备大众属性,3D打印技术及服务能结合互联网带来更多创新,通过互联网渠道带来全流程的在线、交互体验,通过快捷化来实时响应消费者的需求,这也可以形成新的商业模式。

随着互联网飞速发展,"互联网＋"已经渗透至经济社会的各个领域。互联网与传统产业的结合,能孕育既非互联网,又非传统产业的全新事物;而互联网与新兴产业结合,则开创出一些全新的产业方式,如"互联网＋"开放软件、开放硬件等,"互联网＋3D打印"可极大激发创客运动的发展。

4."互联网＋3D打印"的优势

1)形成开放式设计

随着互联网下载3D打印数据模型变得越加容易,在"开放式设计"时代,可以通过使用公开共享设计信息来推动商品的发展。开放式设计的定义是人们可以免费下载、修改和打印。

2)高效应用

"互联网＋3D打印"让打印技术变得更为高效;而对于更多创意者、产品设计者来说,3D打印也不再是那么神秘、难以触及的高新技术,通过网络,可以委托3D打印的专门机构制作。人们只要通过互联网,在一个3D打印平台上就可以交流学习3D打印知识、分享3D打印产品经验、一键打印3D产品,甚至扩大业务渠道,更让一切的创意"无所不能"。

3)突破地域限制

随着国内3D打印技术越来越成熟,发展越来越快,除了传统的3D打印手板模型制作加工厂商以外,还有一部分企业顺应互联网潮流,将以往的线下传统手板加工制造(3D打印、CNC数控加工、复模等)业务搬到了网上,有效地打破了传统加工企业的服务区域限制。比如,北京3D打印服务,以往是需要在北京附近才能找到的加工厂商,现在可以直接通过网络下单,而网络的区域是全国甚至全世界。企业将3D打印搬到了网上,直接可以无视地域的限制,让消费者以最实惠的价格、最优质的产品质量等制作出最适合自己的手板产品和模型。新建设的3D

打印在线服务平台,作为提供各种传统线下的 3D 打印加工等服务网站平台,突破了服务地域限制,让高新科技更接地气,让创意、制造业最大化地应用 3D 打印技术。

任务 5.2 "互联网＋3D 打印"服务于创客

 任务描述

下文从几个方面介绍了"互联网＋3D 打印"服务于创客。首先,"互联网＋3D 打印"降低了服务门槛;其次,便于创客的学习交流;再次,介绍了一个具体案例,高校的 3D 打印创客实验室的建设方案;最后,用大量实例介绍了创客利用 3D 打印技术进行创新创业。

知识准备

互联网＋创客空间的特点

互联网环境下的创客空间,充分发挥了互联网的优势,与创客活动有关的资源、公司,包括归纳大数据分析公司、计算机仿真软件公司、虚拟现实公司、3D 打印公司、众筹网站、天使基金等多种多样的公司,利用现今流行的 3D 打印技术等技术手段、方式,将创意转化成结果,从而实现创客和创客空间的价值提升。

"互联网＋"的运作更可以帮助创客空间实现线上与线下的相互渗透融合、平台化的构建和各项资源的跨界整合,展现了创客空间"分享"与"合作"的特点。在互联网环境下的创客空间能利用大数据扩大创客的创意创新想法的来源。互联网是整个环节的重要连接桥梁和载体,在互联网的环境下创客空间的运行能更加资源化、平台化和便利化。

1)元素多元化

为了加强创客空间支持创客增强创新创业成果的转换能力,在互联网的帮助下实现创客空间资源的整合,丰富了创客空间元素的多元化。例如,阿里独特的创客孵化模式:"1＋4＋N",即 1 个阿里云创客＋4 类阿里巴巴特有的赋能(科技、流量、人才以及生态),N 个扶持的主题(电商 O2O、云计算大数据、数字娱乐等)。"阿里云创客＋"与国内 25 家创投机构达成战略合作,为不同领域的创业者提供资金支持,试图打造中国最大的互联网创业孵化平台。

2)区域性平台化

创客空间出现区域化、平台化发展趋势,"互联网＋"整合优势发挥作用。"阿

里云创客＋"与南京高新区正式签约,宣布建立区域性、旗舰型"阿里云创客＋"基地。这不仅能将阿里云的技术能力输出给更多优质企业,更有助于让计算成为创新的动力,帮助更多中小创新企业降低创业成本,聚焦核心竞争力提升。

3)线上线下相结合

互联网＋创客空间模式可以帮助创客空间实现线上与线下进一步相互融合,打造开放的创新创业平台,促进资源的共享和创客们的合作,通过线下物理空间创客平台和线上互联网虚拟空间的结合作用,进一步推动创新创业的发展。

4)政府政策支持

政府的政策支持是关键,为创客孵化提供了各种优惠待遇和政策,各种行政审批、政务代办等服务在孵化器内一次性解决,创业初期遇到的如注册公司、财税登记等一系列琐碎的小事不再使团队领头人分心。一系列全方位的服务,让创客们免于奔波和劳累,专心做钻研、埋头想创新,为创客的发展提供了一个有利的社会环境。

 任务实施

1."互联网＋3D打印"降低服务门槛

在互联网上,大部分信息产品是向所有人开放的,参与信息创造和传播的政策、技术和资金门槛都很低。任何人只要有创意和想法,通过互联网,无须懂得新兴还是传统制造业的各种生产工艺,都可以利用到3D打印技术,方便、快捷地创造出新产品,降低创业的风险,提升创业的成功率。

例如,杭州新迪数字工程系统有限公司开发了以"互联网＋3D打印"为基础的3D制造云平台,助推了3D打印与个性定制、加工服务、教育培训的结合。据报道,制造云平台云集了海量的工程技术资源,包括:3000多万种规格的标准件、零部件3D模型,10万多个产品设计图库,2万多张工程图纸,2万多个培训视频,10万多份产品样本,2万多份技术资料,500多套典型设计案例,1000多款工具软件,可供在线访问、使用和下载,满足用户在日常工作中的各种技术资源和技术服务需求,实现数字化资源的共享和使用。

由于3D打印机造价较高,应用和普及率短期内不可能大幅度提高。让每个家庭都拥有一台3D打印机的梦想实现起来还很有难度。为了帮助有想法的用户实现3D打印的梦想,国内外都成立了3D打印服务公司,如海芯科技这样的公司,也开始了远程网络打印服务。只要将设计好的数据模型通过网络提交,海芯科技的远程网络打印就能快速给用户打印出他们需要的实体模型。3D打印机降低了新产品的制造门槛,让我们更容易将想法变成现实。

2.便于创客的学习交流

庞大的网络,把千千万万、各式各样的人连接起来,这些人怀着学习、交流的

心,特别是创客,大部分都通过网络,找到学习的资源,找到有共同爱好、兴趣的人群,这样的事情几乎每天都在发生。海量的讨论区、QQ群、微信等,都为讨论提供了方便之途。

目前,3D客已经在线上搭建了很多大大小小的3D模型数据平台,通过用户上传、3D扫描、购买国外的优秀素材等方式,收集了大量的3D模型数据,用户可以在平台上免费,也可以付费下载自己需要的3D模型数据,可以介绍自己,讨论教训,请教问题等。例如,先临三维作为3D打印企业,创立了"互联网+3D打印"的平台,覆盖了包括3D打印机、3D扫描仪、打印材料等产品,打造了3D客数据平台和3D云打印平台,形成了3D打印线上线下产业链。线下,只需要把喜欢的物件放在三维扫描仪上,用几分钟扫描出三维数据,就可以用3D打印机快速"复印"出一模一样的"克隆体"实体模型。线上,3D客数据平台免费提供3D数据模型及设计教程,为3D创客们提供学习、交流的平台,也为学校建立3D打印创意教学提供线上支持。而3D打印平台则允许消费者在线下进行3D打印订单制作,通过先临三维的"云协同""云整合"功能,将零星的订单集中到3D打印服务中心进行打印,然后再寄给用户。

如今还出现了越来越多的在线3D内容库,其中最大的是Thingiverse.com。该网站上有超过五十万个模型设计,种类包括订婚戒指、扫描的人脸图像、牙套、雕像、车辆模型、飞机模型、摄影配件、餐具、衬衫纽扣和手机外壳等,便于创客们快速下载学习。为了增长和传播知识,史密森尼博物馆在3d.si.edu网站上为用户免费提供某些展品的3D打印扫描文件,包括恐龙骨架、著名雕像、昆虫和古老的艺术。图5-2-1、图5-2-2展示的为网站上的数模设计产品。

图 5-2-1　昆虫扫描文件

图 5-2-2　著名雕像扫描文件

3.3D 打印创客实验室的建设方案

广州某高校创客实验室 3D 打印实验室建设方案:3D 打印在教育领域的价值体现,很重要的一方面是 3D 打印可以快捷实现学生的创意,可以提高学生的实践动手创造能力。学生能够借助 3D 打印的软硬件工具将自己的想法呈现出来,能够激发学生的创新兴趣,培养探索、创新的能力,这也是创建 3D 打印创新实验室的初衷。对于在创客工作室中创建 3D 打印实验室,很多单位的做法就是买几台桌面级 3D 打印机摆放在那里,这是远远不够的,还需要其他硬件和软件的配合。

3D 打印实验室只是一个平台的"工具",学生要能够利用这个"工具"把自己的创意表达出来,所以这个"工具"的功能要齐全,要尽可能满足创作的需求;还有,3D 打印实验室里通常是许多学生一起使用许多台机器,这也涉及管理和安全的问题,不要让这些东西转移了学生的注意力。

广州某单位推出如下创建方案:除 3D 打印设备外,围绕该设备,配齐了前端的模型生成软件和扫描设备,打印模型的后端处理的设备(如数控铣),还配备了教学资料、教学设备和辅助设备等,形成一个以 3D 打印设备为中心的,延伸到前端和后端,再加上教学软件、辅助系统等设施,构成了一个完整的服务和教学的链条。图 5-2-3 是 3D 打印创新实验室方案示意图,图 5-2-4 和图 5-2-5 是创客们创作的产品。

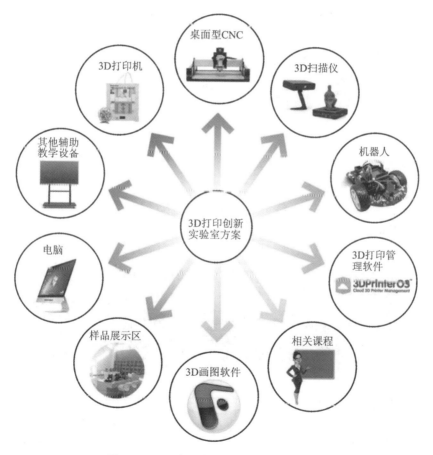

图 5-2-3　3D 打印创新实验室方案示意图

图 5-2-4　创意大象和空心网格球

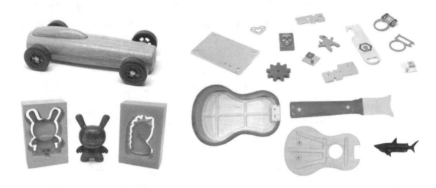

图 5-2-5　创客们用 3D 打印创作的玩具和小提琴

4. 创客利用 3D 打印创新的实例

(1)3D 打印制作未来水果。

如果已经对自然界中天然生长的水果不再感到兴奋,那么可以尝试一下昆士兰创新的"未来水果"。首先,用软件设计一款水果,如图 5-2-6 所示;然后用专门的 3D 打印设备将其打印出来,如图 5-2-7 所示 3D 打印的未来水果。

图 5-2-6　设计出的水果

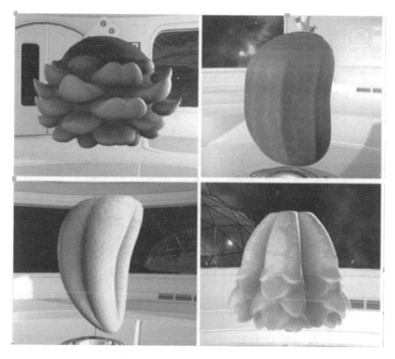

图 5-2-7　3D 打印的未来水果

　　当然,目前 3D 打印的"未来水果"还不够完善,还无法打印出可与真实水果相媲美的食用水果。但令人惊讶的是,不管是在外观、色泽、质感,还是在口感、营养成分上,研究的进展十分明显。也许在不久的将来,未来水果就会部分赶上、整体达到甚至超过真实的水果,比如在口感或者营养成分上。

　　(2)3D 打印的儿童生日礼物。

　　一般的常识,只有年轻人才能成为 3D 打印的能手。但是,下面介绍一对老人为了庆祝小孙女 Josselyn 的三岁生日,也成了 3D 打印能手,Josselyn 的爷爷奶奶特意利用 3D 打印技术打印了一个独一无二的树屋,作为生日礼物送给她。

　　这对老夫妇决定比照小孙女最喜爱的玩具海狸家庭,为它们设计一个完整的树屋,里面有滑梯、秋千、绳索、梯子、支撑的大树和树上的小屋子。这是 Josselyn 拥有的快乐小动物们的完美家园。

　　首先,老夫妇用软件进行设计,涉及几十个复杂的部件,包括门、梯子、拱桥、滑梯、秋千、绳索、梯子、大树和屋子,等等——所有这些都是仔细地按比例设计,并且在满足孙女要求的基础上进行了美学设计,构思、规划和设计这些微型作品花费了很长时间,毕竟,对这一对老人来说,一切都要从头开始学习。

　　整个作品的关键在于细节,老人想要确保树屋的墙几乎是无缝的,这意味着所有的接缝必须完全隐藏在视线之外,从而让人觉得墙是一次性完成的,设计上必须特别处理,以便产生遮盖的效果,来满足要求。树屋上还特别嵌有一个写有

"Jossie 的森林"的饰匾,从而让视觉体验变得完美,并独具特色。

在整个项目中,最具挑战性的事情是打印各种纹理。树屋的各个不同部位都要求有自己独特的纹理,更不用说草和树本身。许多像木瓦和屋顶这样的部件都要求有一个粗糙的质地,它们的打印层厚为 0.2 mm,其他如鸟、鸟笼和烟囱等的打印层厚为 0.1 mm,然后使用化学品——丙酮让其表面变得平滑。最终打印出来的生日礼物如图 5-2-8 所示。

图 5-2-8　3D 打印的儿童生日礼物

(3)3D 打印针孔投影仪。

2017 年 8 月 21 日,美国迎来了 99 年来的第一次跨越美国全境的日全食,其他国家的人只能看到日偏食。

许多人担心观看安全,因为一副假的日食眼镜可能会导致视力损坏或丧失。普通的太阳镜不起作用,因此,3D 打印的针孔投影仪应运而生。如图 5-2-9 所示的是 3D 打印的针孔投影仪。

针孔投影仪的结构零件,可用于 3D 打印的 STL 文件已经在网络上公开,可以直接下载;在此基础上,还有创意不断产生,其中之一就是打印出包括美国各个州的地形图,将针孔投影仪装在地图上,地图也可以涂上自己喜欢的图案和颜色。图 5-2-10 就是画出日全食的路径的美国地图。为了鼓励国民参与关注这一难得的天文现象,美国国家航空航天局(NASA)鼓励大家将自己的 3D 打印针孔投影仪的图片分享到 Facebook、Instagram、Twitter 和 Flickr 上。发布图片时,要求使

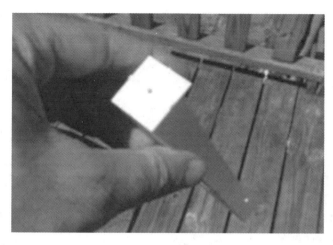

图 5-2-9 3D 打印的针孔投影仪

用 Eclipse Selfie 并为图片写一两句描述性话语。同时 NASA 也提醒：虽然这些 3D 打印日食针孔投影仪既有创意又十分有趣，但是千万不能通过它们直视太阳，这对眼睛的伤害非常严重。

图 5-2-10 3D 打印的有日全食路径的美国地图

(4)花粉颗粒形状的精美 3D 打印灯。

对于易过敏的人来说，一想到花粉就让他们头皮发麻，但苏黎世艺术大学的一个团队以此作为灵感源泉，创造出一套基于实际花粉颗粒的精美 3D 打印灯。首先，在显微镜下拍摄各种花粉颗粒，并将这些图像作为 3D 打印设计的基础，然后，用选择性激光烧结(SLS)方法将 3D 模型(灯罩)打印出来，安装上灯泡，接上电源，一个精美的花粉颗粒形状的 3D 打印灯就成功了。图 5-2-11 是部分 3D 打印的花粉颗粒灯具。该系列 3D 打印灯有一个豚草花粉灯、一个灰花粉灯、一个桦木花粉灯、一个向日葵花粉灯、一个蒲公英花粉灯和一个草花粉灯，将来还会有更多的花粉颗粒灯出现。

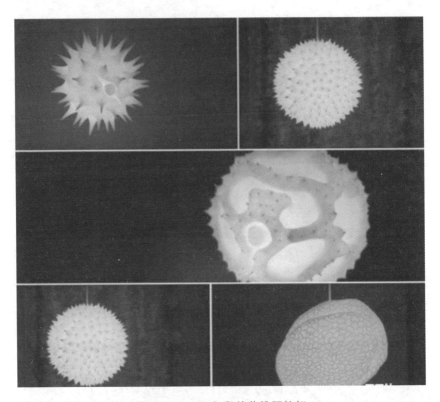

图 5-2-11　3D 打印的花粉颗粒灯

　　除了提供美学欣赏外,这些学设计的学生正在努力提高人们对花粉等常见过敏症的认识。大多数花粉灯型号都可在 3D 打印服务 Shapeways 上买到,其价格在 437 美元到 1366 美元之间。

　　(5)寓教于乐的 3D 打印巧克力。

　　澳大利亚 RMIT 大学 Rhot Ashok Khot 设计了一个有趣的系统,该系统能将来自身体活动的自我监测数据转化成 3D 打印巧克力食品。

　　如何劝诫儿童不要沉迷于巧克力等甜食的诱惑,同时鼓励他们加强运动,Ashok Khot 开发了一个名为 EdiPulse 的有趣系统。3D 打印出来的食品中的巧克力含量很少,几乎不会让食用者增加肥胖的可能。使用收集来自身体锻炼的数据,3D 打印机可打印四种不同形式的结果反馈:一句鼓励的话、一个图形、一朵花、一个笑脸。如图 5-2-12 是寓教于乐的 3D 打印巧克力。通过实际试验得出的结论是"令人兴奋的机会,即食品打印技术将能提供愉悦的自我监控"。

　　(6)3D 打印音节帮助小学生学习外语。

　　休斯敦的一所小学用 3D 打印音节这种直观的教具来帮助孩子学习西班牙语。该校的双语老师 Montiel 提出了这个聪明的想法,并得到了学校内部的 LulzBot Mini 3D 打印机的支持。

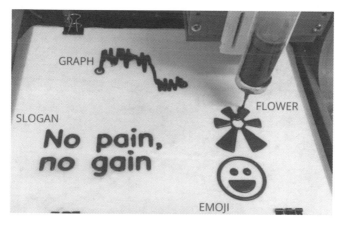

图 5-2-12　寓教于乐的 3D 打印巧克力

Montiel 让学生们触摸、操纵、拖动和放置这些 3D 打印出来的音节和字母,从而创造出各种单词。这种直观的方式不仅可以帮助学生学习西班牙语的音节,还能让他们了解这门语言的基本语音规则。

这个想法的独特之处是给学生一个触觉和有吸引力的方式来学习这些外语单词的发音,让学生触摸和玩耍它们,而不仅仅是盯着纸上的单词看。使用这些 3D 打印字母,学生们首先会学习到字母对应的语音,从而能够检查自己构建的单词是否正确(见图 5-2-13、图 5-2-14)。

一旦过了这个阶段,学生们再用 3D 打印音节和字母,就可以根据自己的语音记忆,组合出正确的单词。总结来说就是,前一个阶段是从文本到发音,后一阶段是从发音回到文本。为了让学习更加有趣,Montiel 还用 3D 打印机打印出一套带有环的西班牙音节,这样学生可以将它们串到鞋带上,或者其他线上做成一条项链,希望通过这种穿戴方式来帮助学生整天练习这门语言,增强学习乐趣和效果。Montiel 已经将一些 3D 打印教育整合到语言学习中。

图 5-2-13　3D 打印制作的音节

图 5-2-14　学生使用 3D 打印的音节学习

任务 5.3　"互联网＋3D 打印"服务于创客空间

任务描述

　　"互联网＋3D 打印"是创客空间的标准配置,能为创新创业者带来更多的成功。本任务介绍了"互联网＋3D 打印"为创业者带来的机会,为创业者带来更快的速度,并列举了一些应用实例,学生从中可以学习到如何利用 3D 打印帮助创业者实现目标。

知识准备

1. 利用 3D 打印创业的原则

1)循序渐进的原则

　　任何创业,都要脚踏实地,从了解技术、了解设备工艺、了解市场入手,在资金的投入和产品的定位上不要盲目贪大求全,也不必一开始就进入其最新最前沿的技术,只要能够使企业生存就可以。待各方面有一定的积累之后,再全面发展。

2)坚持创意创新原则

　　在工业 4.0 时代,创新、创意能力才是核心竞争力,再好的硬件都只是工具。3D 打印作为工具,可以起到很大的帮助作用,但是只有发展自己的创意、创新才能够获得更多的机会。

3)知识产权保护原则

知识产权保护成为创新创业时代最重要的法律保障,因为在没有任何复制技术壁垒的背景下,任何的产品都没有秘密,任何人都可以复制、抄袭他人的成果,这对于依靠创新创业的人员,是相当危险的。创客需要有这方面的意识,既要寻求对自己的保护,同时也要严格遵守不侵犯他人的权益;确保创业、创意、创新的健康发展。

2. 3D 打印创业的可能途径

"互联网＋"时代联通了市场和消费者,3D 打印恰逢其时地进入"大众创业,万众创新"的时代。下面是一些竞争力较大的、可依靠 3D 打印创业的途径。

1)个性化定制的文创产品

个性化定制成为当代商品发展的重要趋势,而 3D 打印可以在很大程度上满足这样的需求,如个性化的小型玩具、饰品和家用器具等,因为造型简洁,具有独特的个性化特征而深受年轻人群欢迎。在所有日常用品中,由于文化创意产品容易附加上个性化、时尚化、潮流化的标示,不管是礼品、小型玩具,还是具有鲜明特色的地方特产等,本身都是富有创意的小型产品,利用 3D 打印技术,很容易增加其个性化的特色,加上它们成本低廉、造型简洁时尚,时间和材料的耗费都比较少,转型方便容易,可以在较低的成本和较短的周期上尝试试探市场,迭代产品,提高技术水平和含量。总之,从中收获创业所需的种种经验,从而使得初创企业比较容易生存下来。

2)基于传统工艺美术品的创意设计

传统工艺品仍然具有广泛的市场,不管是出于美化装饰家居环境,还是出于收藏、爱好等,很多家庭和个人都喜欢购买、收藏工艺美术品。但是,传统工艺美术品也存在着仿制、假冒等弊端,尤其是批量化的工艺美术品,还存在着质次价高,品相难登大雅之堂等问题。因此,可以尝试借助 3D 打印技术手段,制作传统工艺品的造型,融入创意和个性化特色元素来满足市场的需要;同时,通过这一过程可以在一定程度上实现传统工艺美术的传承创新,甚至开拓出工艺美术的新品种。

3)承接专业化产品组件的打印

利用 3D 打印创新创业也同样可以介入传统的制造和生产领域。从数模造型或反求造型,到形状的外观、尺寸、美观等的评价,都可以通过 3D 打印进行,还可以方便进行方案的修改。在产品定型后,可以帮助快速制造出金属零件,也可以承接许多专业性产品的打印、定制。一些大型企业也常常将自己的业务外包,因此,在越来越多的外包业务中,3D 打印品就可以有施展的空间。

当然,就目前而言,3D 打印也尚有诸多的不足,整体的市场也不够成熟,3D 打印的核心技术还有很多瓶颈尚待突破,比如说材料的广泛性有限以及成本依然比较高,打印品的精细程度以及后期处理技术也需要完善,特别是多种材料的同时打印成形也需要技术突破,但是这并不影响利用这一技术参与到创新创业之中。

任务实施

1. 为创业者带来机会

互联网具备大众属性,3D 打印技术结合互联网能带来更多创新,通过互联网渠道带来全流程的在线、交互体验。互联网化带来实时响应消费用户需求会形成新的商业模式。国外有不少 3D 打印服务平台,国内也一样,陆续建立起了一些 3D 打印服务平台。如 3D 打印综合性服务平台 Pineprint(嘿菠萝)已然上线,为消费用户提供产品销售及定制服务,实现"互联网＋3D 打印＋创意文化"的创业发展模式。如今由于流水线的生产方式,使得产品趋于同质化,然而 3D 打印技术可以简单快速地实现个性释放的需求,将个性产品推向市场,无疑为创业者带来了机会。

现在很多数字化制造领导企业都在其网站上销售定制的珠宝和玩具,然后 3D 打印出客户要求的独特产品标示。一些传统制造商也开始在他们的产品中加入一两个 3D 打印的零件,以增加其个性化特性。在德国的 Photokina 展会上,松下公司推出了三款可 3D 打印外壳的 Lumix 相机,如图 5-3-1 所示。为了凸显出摄影爱好者的个性化,松下公司在 Lumix 数码相机上使用了定制 3D 打印概念。高分辨率 3D 打印机是实现复杂设计所需要的细节表达的重要手段,对于定制化的 Lumix 相机外壳部件而言,3D 打印是理想的技术手段。

图 5-3-1　3D 打印外壳的 Lumix 相机

3D 打印为创业者提供了创新设计和制造的新思路、新手段,能够实现更加自由的设计和小规模制造数量,其成本效益也可以接受。

2. 为创业者带来速度

众所周知,在"互联网＋"的时代,任何一种新兴的技术若搭上互联网这趟快车,整个产业链就会变得透明化。虽然 3D 打印给人以"高深"的印象,不过近年来还是有不少 3D 打印企业开始进入大众视野。比如创想智造的数字化 3D 打印云服务,在提升产品创新速度的同时,也能让 3D 打印像网上购物一样,进入寻常百姓家。

创想智造 3D 打印云服务平台,是客户与 3D 打印机之间沟通的桥梁,用户只需要上传 3D 模型就可以及时得到合理的报价。该平台支持在线支付下单,打破时间限制,24 小时均可自助下单,有可能通过视频,观看打印产品的设备运行,方便客户体验一站式 3D 打印。创想智造的特点在于,以"互联网＋3D 打印"的云服务平台模式满足更广阔的市场需求,为创业者创造了一种快速盈利的商业模式。图 5-3-2 为创想智造线上平台页面。

产品数量	模型数量	模型数据	模型重量
2,848	11,590	25.16 GB	11577.17 kg

图 5-3-2 创想智造线上平台页面

3. 3D 打印帮助创业者的实例

下面介绍创客、创业者借助 3D 打印技术,实现创业梦想的一些实例。

(1)3D 打印的智能机器人车。

名为 Plantoids 的智能机器人车能载着绿植去寻找阳光和新鲜空气,让绿植更好地生长,就像向日葵自动追逐阳光一样。创意者还为 Plantoids 发起了一场众筹,机器人车由 3D 打印制作。如图 5 3 3、图 5-3-4 所示的是 Plantoids 智能机器人车。

图 5-3-3 Plantoids 智能机器人车

图 5-3-4　可自主移动到最多阳光的地方的智能机器人车

Plantoids 智能机器人车是一种由 3D 打印制作的小型智能车,能让原本只能呆在种植地的绿植四处移动,以捕获最多的阳光。由于结合了智能传感设备和人工智能软件,Plantoids 知道哪些地方会让植物受益,Plantoids 携带的传感器包含用于测量土壤湿度、空气温度和湿度、环境光线和空气质量的传感设备,Plantoids 可以自主探索所处环境,寻找对植物生长最有利的位置。它的轮子不光在室内可使用,甚至可以驶过一些相对平坦的户外地形。

Plantoids 智能机器人车的机身大部分零件是由 3D 打印制成的塑料件,再加上众多传感器、驱动电机和控制器等组成。

Plantoids 也是一个很棒的课堂教学项目,学生有机会同时了解机器人和生物学。"借助 Plantoids 智能机器人车,可以为全球的家庭、教室和花园带去新的教育活动。"项目负责人说。

如果可以众筹到足够的费用,项目组计划推出一个更高级的版本 PlantoidX。用树莓派或 ODROID 单板计算机升级 Plantoids 的计算能力,用 MyRobotLab 软件扩展 Plantoids 的功能范围。用户还可以用一个 Plantoids 智能手机 APP 来手动控制机器人。这些创新创意的想法没有止境,只要花费时间和精力,更多更妙的创意还会涌现出来。

(2)3D 打印的"格列佛之门"场景。

根据名著《格列佛游记》的描述,来自世界各地的 600 多位艺术家联合完成了"格列佛之门"场景的制作,其中的部分场景由 3D 打印而成。在这个迷你的世界,300 个迷你城市组合在一个位于纽约时代广场的 4900 平方英尺(1 平方英尺 = 0.0929平方米)的空间里,向外公开展出。图 5-3-5 至图 5-3-7 是 3D 打印的"格列佛之门"局部 1、2 和 3。

"格列佛之门"里的建筑物、人物和自然景观均以 1∶87 的比例建造,这意味着一个原本 6 英尺(1 英尺＝30.48 厘米)高的人将只有 0.828 英寸(1 英寸＝2.54 厘米)。其中的建筑物大多是当地的地标性建筑物,很好地代表了纽约市、亚洲、中东、拉丁美洲、俄罗斯和古老的欧洲等地。

图 5-3-5　3D 打印的"格列佛之门"局部 1

图 5-3-6　3D 打印的"格列佛之门"局部 2

图 5-3-7　3D 打印的"格列佛之门"局部 3

这并不是一个完全静态的展览,还可以看到闪烁的灯光以及火车在各个城市之间忙碌地穿梭,听到四起的音乐,甚至还可以去参加一个迷你版的伦敦阿黛尔音乐会。参观者可直接与展品互动,比如:从一个未来主义色彩的机场发射飞机,让巴拿马运河运转起来,等等。展品也描绘了不同的历史时期,从罗马废墟到一个未来主义的火星殖民地。

3D 打印在展览的构建过程中发挥了重要作用,部分展示物品都是 3D 打印出来的,特别是建筑物。更有趣的是,只用花 50 美元就可以制作一个迷你版本的您。先利用 3D 扫描仪扫描您,然后用 3D 打印机打印出一个一模一样的您,当然也是缩小版的,并成为"格列佛之门"世界里的一名公民。当然,这种待遇仅限于早期的游客和支持者,后期由于需求太多,已经没有多余的地方摆放新的公民。

(3)蜂巢结构的时尚衣服。

设计师 Jamela Law 创造了一系列受蜂巢启发的时装(见图 5-3-8、图 5-3-9)。蜂巢是大自然中最坚固的形状之一。这个名为 Beeing Human 的项目汇集了各种制造技术和技巧,如 3D 打印、硅胶铸造和手工缝制。

除了惊人的视觉效果,设计师正是通过整合一个受自然启发的结构和形式,即通过蜂巢来努力传达一个重要的环保信息。通过创造 Beeing Human 来鼓励人们重新思考人与自然的关系,并加入保护自然的行列。

3D 打印技术让设计者能以一种可持续的方式来拓展时尚界的边界,或者可以把 3D 打印技术当作一种设计媒介,让时尚变得更加普及。为了制造出多件服装上的蜂窝状板块,设计师采用了一种名为重力铸造的新型技术,为此,她首先使用 3D 打印机打印出成形的模具,然后生产大量的硅胶板块,这些与皮肤友好的硅胶板块防水而坚固,且具有弹性,在时尚领域很少见。3D 打印技术消除了先前阻止几代设计师实现其想法的材料和技术障碍。现在,通过使用复杂的数学公式和新颖的几何形状,设计师可以轻松地探索使用错综的形式和未来主义的形状来表达无限的创意。

图 5-3-8　蜂巢结构的时尚服装

图 5-3-9　蜂巢结构的时尚服装的效果

她还补充说,由于 3D 扫描技术的使用,她的服装可以轻松实现定制,只要先扫描了客户的身体,就可以根据客户的体型很方便地设计。这意味着她的服装可以根据订单来生产,这减少了材料的浪费和库存的积压。

(4)个性化门铃的 3D 打印制作。

德国设计师 Kai Bracher 为其独特的 3D 打印门铃盒发起了一场 Kickstarter 众筹活动。之所以说它独特,除了此门铃盒是用铝合金 3D 打印而成的以外,门铃盒的形状还是一只打盹的龙(见图 5-3-10)。

安装这个"门上的守卫者"并不难,通过龙翅膀上的孔,用螺钉可将其拧到墙上或者门上。若想更加个性化,可以将自己的名字或者想增加的标识添加到门铃盒上,比如,增加门牌号等,这将通过一个外部横幅来完成。Bracher 会尽快给横幅设计一个合适的外观,不仅使其与龙本身相称,还会给名字或标志留下更多的空间。

只要您愿意,也可以将"门上的守卫者"与现有的名称标签组合在一起。您可以使用 Shapeways 上的"自定义"功能对门铃进行个性化设置:上传一个图像或者输入您的名字,它将被 3D 打印出来,雕刻或压印在一个平坦的表面上。此外 LED 按钮灯还有两个颜色选项,红色和蓝色。当然,横幅需要分开购买。如果需要,还能方便地对其进行更新或使用新的设计图案。

图 5-3-10　3D 打印的个性化门铃

(5)3D 打印可用于吸收噪声的模块。

制造商 Julien Dorra 开发了一种可以在低成本 3D 打印机上制造的 3D 打印噪声吸收系统。

在家中、办公室或任何封闭的空间,管理噪声已经是多年来的一个挑战。一般来说,填充有吸收声音材料的泡沫和木板是有效的噪声吸收手段,但是它们体积庞大、笨重,一种材料只能吸收固定频率的噪声,而对除此之外频率的声音不起作用。不幸的是,大多数情况下无法混合和匹配不同的材料以扩宽吸收噪声的频率带。对此吸声难题,制造商 Julien Dorra 开始着手创建一些具有可调吸收带的3D 打印声音吸附装置。这些聪明的板式设备可以在住宅、办公室或其他地方使用,并且可以定制以处理特定的带宽。研发者设计出各种吸音模块,然后 3D 打印出这些模块,声学研究人员进行测试合格以后,再交付使用者。如图 5-3-11 是可用于吸收噪声的 3D 打印模块。

图 5-3-11　可用于吸收噪声的 3D 打印模块

　　研发者首先调查了从 1975 年到 2016 年的声学研究文献,根据吸声规律,设计了不同的模块,包括锥形、圆柱形和矩形,等等,可用于吸收不同类型的声音。为了充分利用不同模块的吸声效果,每个模块都完全参数化。制造商已经实现了四种不同的噪声抑制策略。这些策略为用户提供了一系列降噪选项,而参数,如深度的背衬、孔隙率和通道长度都可以根据具体的降噪任务进行调整。然后用 3D打印技术将最终优化设计的模块打印出来,组装在一起。

　　构建合适的吸声面板可能听起来很复杂,但 Dorra 努力使模块谷易操作,且可以在低成本的 FDM 3D 打印机上打印。然而,使得复杂的设计易于打印已成为制造降噪器的一大挑战。为了克服"使用低成本 FDM 3D 打印机打印亚毫米孔的表面时,大多数时候孔会被塑料膨胀和运动不精确所阻塞"的难题,设计了新的结构——双层面板。此结构是一种专用设计,通过叠加两个垂直的条纹层,可以在低成本 FDM 打印机上连续获得亚毫米孔。条纹比孔洞打印得更加一致,通过将它们 90°叠加,从而创建了亚毫米宽的方孔。图 5-3-12 所示为可用于吸收噪声的3D 打印平面模块。

　　项目还在进一步进展中,3D 打印的吸声器每平方米的镶板目前需要 50～100美元的长丝。Dorra 相信,通过开发具有低背衬长度的声学有效的卷材和分段的背衬,提供紧凑的模块和更少的图层打印,可以进一步降低成本。

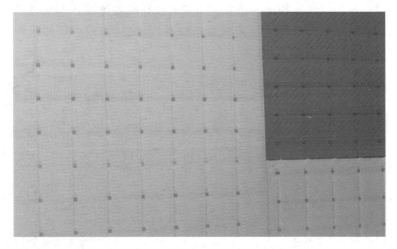

图 5-3-12　可用于吸收噪声的 3D 打印平面模块

任务 5.4　"互联网＋3D 打印"用于制造小批量产品

任务描述

本任务介绍"互联网＋3D 打印"用于制作小批量产品的内容。"互联网＋3D 打印"能满足顾客个性化、小批量、规模化定制化的需求,同时还能保持高效率与制作成本可接受,通过大量的 3D 打印制造小批量产品实例的介绍,让学生从中体验到这种模式的优点和应用的方式。

任务实施

1.满足顾客个性化、小批量、规模化定制化的需求

3D 打印在快速成形和灵活性方面具有很大优势,适合在很多领域进行应用,特别是珠宝、文化创意、人体器官等个性化产品的定制生产、小批量生产以及产品定型之前的验证性试验阶段的制造,可大大降低加工成本、缩短时间。

1)个性化

随着社会的快速发展,人们越来越喜欢独特的、个性化的东西,互联网和 3D 打印技术的结合,越来越容易提供满足个性化需求的产品。3D 打印技术很容易满足独特的个性化产品、独创的创意设计产品的快速制作要求,而且成本也在可接受范围内。有了 3D 打印技术,设计师将脑海中的创意利用设计软件,直接在电脑上设计成 3D 电子模型,全方位呈现出设计效果,然后直接利用 3D 打印设备打印成形。如图 5-4-1 所示为一部名为《龙与地下城(Dungeons & Dragons)》的游戏中的人物,先用 3D 设计,后用 3D 打印机打印部分游戏中的角色。这是一项巨大的工程,一共有近 300 多个不同的 3D 模型,包括龙、兽人、巨魔等。3D 打印个性化角色与道具,在降低制作成本的同时,又保证了制作质量,且动画中的人物、怪物和道具制作得栩栩如生,非常精细。

图 5-4-1　3D 打印游戏中的个性化角色与道具

在医疗领域,人体组织是一个典型的个性化结构,如同长相千人千面一样,人体组织也各不相同,用 3D 打印可以毫无困难地制作人体组织。目前比较成熟,且已经商业化的是利用 3D 打印技术制作义齿的支架、金属内冠、全冠、固定桥和桩核。制作的方法可分为 3D 打印蜡型结合传统铸造和直接金属 3D 打印制作两种技术路线。与之相似,3D 打印还被用来制造个性化牙托或导板。图 5-4-2 所示为 3D 打印个性化种牙导板。

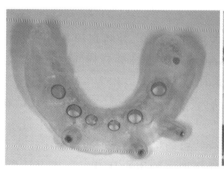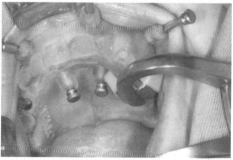

图 5-4-2　3D 打印个性化种牙导板

3D 打印义齿的优点在于:

(1)可以根据每个患者口腔内不同的组织解剖特点,如残留牙的多少和附着部位、系带附着、黏膜情况取得精确印模;

（2）容易进行肌功能修整，正确记录在口腔功能状态下修复体边缘的伸展范围；

（3）由于个性化牙托与患者的口腔吻合，减少了预备印模时患者的不适感；

（4）用个性化牙托预备印模，托盘内各部分印模材料厚度基本相同，从而使印模变形减少到最小。

与传统制造方法相比，采用 3D 打印技术方法工序简单，加工时间短，材料利用率高，精密度更高。

3D 打印技术在提升企业核心竞争力、实现产品个性化定制方面日益发挥着巨大的推动作用。图 5-4-3 所示为 3D 打印个性化台灯。

图 5-4-3　3D 打印个性化台灯

2）小批量生产

将"3D 打印机"与互联网上的云计算技术进行结合，使得可以比较容易地生产出产品。美国 Shapeways 网站提供了一种将产品设计公开到网站上的新商业模式。如果有用户对该产品下订单，Shapeways 网就可以作为一个"工厂"，使用 3D 打印设备制作产品，经过后处理和包装后交付给顾客。例如，将 iPad 立放在桌子上的"iPad 专用支架"，是由该公司推出的一个广受好评的产品，用户下订单后，通过 3D 打印，交付用户。使用 Shapeways 网站，能将一个小小的灵感比较容易地产品化，并进行小批量生产销售。全世界任何地方的用户都可以进行设计投稿，只要有用户使用你的设计方案，设计者就可以得到一定比例的分红，而且通过这种方式，产品可以配送到任何国家或地区。如果你感到商店里"没有特别令人满意的产品"，你也可以通过 Shapeways 网站，亲自来设计、生产制造，也可以请人专门设计（见图 5-4-4）。

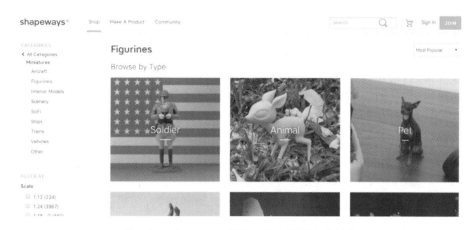

图 5-4-4　Shapeways 网站实现小批量生产销售

3）规模化定制化

直接数字化制造（DDM）的优点之一就是能够实现规模的定制，用一台 3D 打印机可以毫不困难地打印出两个完全不相同的物体。有些 3D 打印的先行者已经瞄准这个市场机会，开始规模定制一些新颖的产品。例如，访问 Cubify.com 网站，以定制一个苹果手机模型为例，它将根据你提供的数码照片为你制造出一个背面突起的 3D 成品。与之类似的 ThatsMyFace.com 网站通过邀请顾客拍摄脸部正面及侧面照片，为其定制个性化头部模型并装到塑料人偶上，如图 5-4-5 所示。这项服务不仅能满足顾客拥有以自己为原型的超级英雄小模型的需求，还展示了低成本的 3D 打印技术可以简单且规模化地定制标准产品的巨大潜力。对于那些寻求建立新的 3D 打印业务的创新企业，市场中还有相当多的类似机遇。

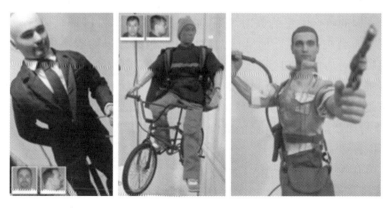

图 5-4-5　定制超级英雄小模型

2. 保持高效率与成本可接受

3D 打印过程中不需要任何工夹辅具，可以较低成本地生产小批量的零件或产品。用传统方法制造出一个产品通常需要数小时到数天，这还要根据产品的尺寸大小以及复杂程度而定。而用 3D 打印技术则可以将时间缩短为数个小时，具体由打印机的性能以及模型的尺寸而定,不再需要任何工具,可大大提高制作的效率。

3D 打印是快速制作不同手板原型的理想选择,可以帮助实现跨部门对实物的设计沟通、设计讨论、设计评审,不需要传统的开模制造或者人工制作模型。3D打印手板模型速度更快,成本更低,效果逼真直观,精度更高,即便是制作多个模型,费用也可以接受。

此外,糕点行业中的奶油蛋糕类食品是公众比较喜欢的食品之一,以其细腻、柔软、香甜、健康的特点风靡全世界,消费市场巨大。传统的奶油食品是由面点师傅依靠经验手工制作,不仅速度慢,花样少而陈旧,且成本高,不卫生。在糕点行业引入 3D 打印技术,可以大大提高工作效率、节约资源,还能满足大众化、个性化的造型要求,同时,在营养、美味、外形等方面也可满足个性化的需求。

在口腔医学上,传统临时牙冠的制作方式是先进行备牙,然后以橡胶或硅胶在患者口内取模制成石膏模,最终以双丙烯酸树脂等临时修复材料进行临时牙冠的制备。这种制作方式的缺点是临床等待时间过长,在临时牙冠制作时涉及制作蜡型、灌注、固化、打磨、抛光等一系列繁杂过程,在此期间还需要反复试戴进行边缘密合度的调整,保证无悬突等问题。因为这种工序属于医生人工调整,往往因为医生个体经验的差异导致临时牙冠质量参差不齐,最终可能导致形成牙龈发炎、牙髓发炎等一系列问题。

使用 3D 数字化技术设计临时牙冠,与传统工艺相比,优势明显,且临时牙冠整体质量大幅提升。在患者就诊时,即可立即进行口内扫描或者取模,然后将数据传输至计算机进行数字化设计,包括数字化备牙、牙冠设计、咬合面调整、密合度调整等一系列步骤,然后采用 3D 打印技术即可在数十分钟内制成与最终牙冠有着完全一样的咬合关系的临时牙冠,如图 5-4-6 所示。这种临时牙冠保证了边缘密合度与咬合关系,且外形是根据设计好的最终牙冠的数字模型制作的,保证了美观度和咀嚼功能,而且制作周期短,几乎无须调整就达到即戴即走的效果。同时能够提升牙科临时牙冠制作的整体质量,消除个体经验差异因素,极大地提高了制作效率,成本也可以接受。

3. 3D 打印制造小批量产品的实例

(1)3D 打印制作蛋糕模具。

乌克兰食物艺术家 Dinara Kasko 设计了一个美妙的泡泡蛋糕模具。她先用 3DS Max 和 Rhino3D 创建了一个蛋糕的数字 3D 模型,然后用一台典型的 3D 打印机将模型打印出来。如图 5-4-7 所示为 3D 打印的蛋糕模型。

这个用 3D 打印技术制作出的塑料模型成为实际烘烤模具的一个正模具。经过仔细打磨后,将液体硅胶倒入,把塑料模型包围起来。硅胶硬化后,将其刨开,并把硅胶从塑料模型上剥离下来,真正制作烘烤蛋糕的模具就有啦,如图 5-4-8 所示的为从 3D 打印塑料模型上取下来的硅胶模具,这个模具可以反复使用数百次。

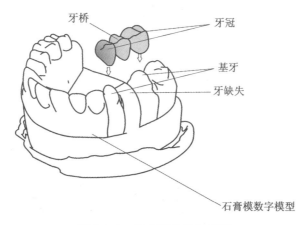

图 5-4-6　3D 打印的临时牙冠

图 5-4-7　3D 打印的蛋糕模型

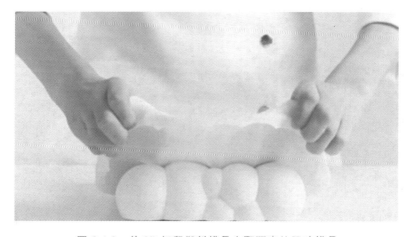

图 5-4-8　从 3D 打印塑料模具上取下来的硅胶模具

把发好的面团填入模具内部,将成形的面团送入炉内烘烤,蛋糕就这样做成了。用这个模具烘烤出来的闪闪发亮的泡泡状蛋糕看起来很美观,甚至有些不像蛋糕。甚至可以在蛋糕里面,制作各式各样的夹心。图 5-4-9 所示为用硅胶模具制作出来的夹心蛋糕。

图 5-4-9　用硅胶模具制作出来的夹心蛋糕

Kasko 设计了多种 3D 打印蛋糕模具,其中一些在她的在线商店有售,可以在全球范围内发送。但是如果有 3D 打印机,就可以自己亲手设计款式,购买食用硅胶制成蛋糕模具,然后很轻松地制作创意蛋糕,这样的经历是不是很有趣?

(2)3D 打印制作吊灯灯罩。

澳大利亚家具设计师 Tom Fereday 展示了自己的最新作品——3D 打印 Pelo 吊灯灯罩。这款灯罩由单根黏土 3D 打印而成,造型经典而抢眼,是与当地艺术家 Susan Chen 合作完成的。Chen 发明了一种陶瓷 3D 打印机,她不仅为 Fereday 提供 3D 打印硬件,还在整个设计过程中提供帮助,以确保 Fereday 的灯罩设计具有 3D 打印可能性。如图 5-4-10 所示的是 Chen 发明的陶瓷 3D 打印机。

图 5-4-10　Chen 发明的陶瓷 3D 打印机

为了完善灯罩的圆锥形结构,Fereday 和 Chen 设计了一种只用单根挤出的黏土就能完成打印而不会收缩或坍塌的设计方案,并进行了多次原型和迭代制作。为了打印 Pelo 灯罩,他们还测试了多种材料。最终的灯罩是不透明的,以将光线向下引导。由于使用单根黏土制造,灯罩上细微的脊状纹理非常优雅而悦目。图 5-4-11 是利用 3D 打印技术制作好的吊灯。

图 5-4-11　利用 3D 打印技术制作的吊灯

每个 Pelo 灯罩需要两小时左右的 3D 打印时间(使用 Chen 的 3D 打印机),然后需要十天的时间来干燥。之后,圆锥形灯罩被放在窑炉中烧制,如图 5-4-12 所示的是烧制利用 3D 打印技术制作的吊灯灯罩,最后完成组装。

图 5-4-12　烧制利用 3D 打印技术制作的吊灯灯罩

(3)3D 打印夹克。

以色列时装设计师、申卡尔设计学院学生 Danit Peleg 仅用一台桌面 3D 打印机打造出一个包含 5 件服装的毕业作品系列。自那时起,Peleg 就一直在积极采用 3D 打印技术来彻底改变服装的设计和生产。最近,她树立了一个重要的行业里程碑,在自己的网站上推出了世界首款 3D 打印夹克(见图 5-4-13)。

图 5-4-13　3D 打印夹克

这款限量 100 件的夹克可以根据客户的尺寸和颜色偏好进行个性化,每件的售价在 1500 美元左右。设计方面,Peleg 开创性地采用了移动 3D 身体扫描和分析 APP Nettelo 技术。如图 5-4-14 所示的是夹克的设计过程。

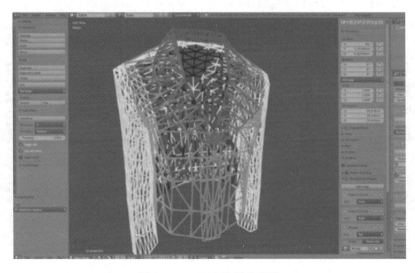

图 5-4-14　夹克的设计过程

打印材料方面,Peleg 使用的是西班牙 3D 打印公司 Filaflex 生产的一种特殊的、像橡胶一样的柔性线材,夹克还有一个织物衬里。现在,Filaflex 也正在测试一个想法:专为时尚设计和服装生产开发一个 3D 打印市场。

一件夹克的总生产时间约为 100 个小时,虽然比传统制造方法更费时,但实际上这样的速度已经有了非常大的进步。如果 3D 打印技术继续以这种速度发展,将来制作 3D 打印服装所需的时间可能不到 24 个小时。到那时,更多的公司和设计师可能会在常规生产中采用这项技术。

(4)3D 打印机线材警报器。

创客设计了一款名为"Mister Screamer"的 3D 打印机线材警报器,可在打印机用完线材时提醒用户。该设备直接挂在外露的线材上面,当线材用完时,由于没有地方悬挂,它会掉到地上。掉落地面引发这个小小设备发出一个非常响亮的声音(80 分贝),从而提醒创客及时更换线材卷。图 5-4-15 是用 3D 打印技术制作的 3D 打印机线材警报器。

图 5-4-15　用 3D 打印技术制作的 3D 打印机线材警报器

这款非常简单的 3D 打印机配件是专为那些没有"智能"功能(如自动打印暂停)的 3D 打印机设计的,可以为大多数创客所用。有线材时,它就像一个吊坠或钥匙扣一样安静地挂着;一旦线材用完,它会掉落,然后警报响起,直到它被拾起。

(5)3D 打印全地形机器人车。

Emme 是一款完全无线的全地形机器人车,有完全组装版和 3D 打印套件版。套件版也是一个不错的选择。对于 DIY 爱好者来说,他们可以获得机器人车各个零件的 3D 设计模型,然后在家里用 3D 打印机打印出来。由于采用的是模块化设计,打印好的零件可以在几秒钟内组装在一起,替换起来也很容易。图 5-4-16 是3D 打印全地形机器人车。

图 5-4-16　3D 打印全地形机器人车

组装好的 Emme 机器人车可以在各种不同的环境中执行各种任务。它不需要连接电线,轮子允许它在任何种类的地形上轻松移动,可以穿越沙地、雪地、田野或者正常的城市路面。它也能轻松处理水域环境,无论是让它浮在水面还是潜入水底(见图 5-4-17)。

图 5-4-17　3D 打印全地形机器人车可以适应多种环境

让 Emme 动起来相对简单,可以用棱镜形遥控器直接对其进行实时控制或提前(使用时间延迟功能)控制。它有三个不同的运动轴,会根据操作的需要来加速或减速。它也可以走一条特定的路线,从而准确到达指定的位置,还可以利用它身上的 GPS 模块来提前规划路线,甚至可以通过编程来控制机器人的运动。

这款机器人车可以做多种工作,如果给它配一个相机,它会整天跟着您,并进行全天候的拍摄,用来自动记录一次旅程或一个活动,另一个有趣的事情是当机器人车进行机动自拍或拍摄景观照片时,让 Emme 的基座保持不动,然后用它的轮子将相机旋转 360°,这样就可以拍摄到全景照片,而不需要相机具备内置的全景功能。

(6)3D 打印城市模型。

2017 年是中国香港回归二十周年,庆典如期举行。作为庆典的一部分,主办方举办了一场比赛,要求当地学生复制香港海滨的建筑。来自 123 个中学的 1236 名学生参加了这场比赛,一共提交了 236 件作品。这些作品组成了一个壮观的 3D 打印香港海滨景观,面积达到 35 平方米,共包含 1214 个 3D 打印建筑,其中包括来自维多利亚港湾北侧和南侧的 20 个地标建筑,如国际商务中心、国际金融中心二期、终审法院大楼、会展中心等。整个项目获得了吉尼斯"世界最大 3D 打印雕塑展"记录。图 5-4-18 所示的就是 3D 打印的香港城市模型。

图 5-4-18　3D 打印的香港城市模型

项目小结

　　在"互联网＋"的时代下,作为新兴技术的 3D 打印与"互联网＋",两者跨界融合,既保持了各自的特点,又展现了融合后独特的优势,极大地方便、加速了创客活动,加快了创意变成产品的速度,缩短了时间,降低了创客空间服务于创新创业的门槛,也便于创客的学习和交流,扩展了创新平台资源的广度和深度,加深了资源融合的深度和效率,为创业者带来更快的速度,提高了工作的效率,为创新创业者带来了更多的机会,增加了创业的成功率。3D 打印与"互联网＋"融合,既满足顾客个性化、小批量、规模化定制化的需求,又能保持高效率与制作成本可接受,开创了新的商业模式。

　　3D 打印作为新一代革命性制造技术,与互联网信息技术相结合,利用互联网的无限连通性,加上数字驱动的 3D 打印技术,使创新创业者如虎添翼,两者的结合必将成为推动加快创业,加快建设创新创业社会的强劲动力。

　　"互联网＋3D 打印"是 3D 打印行业快速发展的一个契机和基础,人们可以在互联网上交流学习 3D 打印知识、分享 3D 打印产品经验、扩大业务渠道、完成分布式打印任务等。3D 打印让个人生产成为可能，促使社会迈向"大众创业，万众创新"的新时代。

　　通过介绍大量的 3D 打印技术服务于创新创业的实例，让学生从中体验到这种模式的优点和应用 3D 打印技术的方式和方法，从中可以学习到如何利用 3D 打印技术帮助创业者实现目标。

参 考 文 献

[1] 常林朝,赵渤,邵俊岗.孵化创新与创新孵化[M].北京:经济科学出版社,2016.

[2] 克里斯多夫(Barnatt,C).3D打印:正在到来的工业革命[M].赵俐,译.2版.北京:人民邮电出版社,2016.

[3] 豪斯曼(Hausman,K.K.),霍恩(Horne,R.).我的第一本3D打印书[M].康宁,刘法宗,宫鑫,译.北京:人民邮电出版社,2016.

[4] 徐旺.3D打印:从平面到立体[M].北京:清华大学出版社,2014.

[5] 胡霞,丁念念,王荣.双创浪潮下互联网+创客空间的特点[J].现代商业杂志,2016(34):67-69.

[6] 中国机械工程学会.3D打印 打印未来[M].北京:中国科学技术出版社,2013.

[7] 姚青华.3D打印技术应用在奶油食品工业中的方案设计[J].食品与机械,2016(2):23-25.

[8] 季旭.上海科技企业孵化器演变机制与功能提升研究——基于产业集群视角[D].上海:上海工程技术大学,2015.

[9] 王姗,樊一阳.创客空间与企业孵化器功能及机制对比研究[J].技术与创新管理,2017(1):29-32.

[10] PATI F,JANG J,HA D H,et al. Printing three-dimensional tissue analogues with decellularized extracellular matrix bioink[M]. Nat Commun. 2014(5):3935.

[11] 杨继全,郑梅,杨建飞,等.3D打印技术导论[M].南京:南京师范大学出版社,2016.

[12] 周伟民,闵国全.3D打印技术[M].北京:科学出版社,2016.

[13] 滕静."互联网+"与"双创"战略下企业的投资机遇[J].商场现代化,2016(15):224-225.

[14] 赵静蕾,吴晓凤,林嘉愉.电子创客新模式及实现路径[J].通讯企业管理,2016(6):46-48.

[15] 刘勇利.浅谈3D打印技术在产品设计中的应用[J].中国新技术新产品,2013(7):58-59.

[16] 王月圆,杨萍.3D打印技术及其发展趋势[J].印刷,2013(4):122-123.

[17] 许廷涛.3D 打印技术——产品设计新思维[J].电脑与电信,2012(9):5-7.

[18] 陈森昌.3D 打印的后处理及应用[M].武汉:华中科技大学出版社,2017.

[19] 朱红,陈森昌.3D 打印技术基础[M].武汉:华中科技大学出版社,2017.

[20] 邱青松,曾忠.3D 打印技术的优越性与局限性[J].印刷质量与标准化,2015(2):12-13.

[21] 詹建军.RP&RM 在硅胶模制造中的应用分析[J].现代制造,2014(12):22-26.

[22] 李丹,田航.3D 打印技术在产品设计领域应用的优势[J].艺术教育,2014(9):279.

[23] 笪熠,陈适,潘慧,等.3D 打印技术在医学教育的应用[J].协和医学杂志,2014(2):234-237.

[24] 孙悦,胡建东,宁雪莲,等.3D 打印技术在生物中的应用与进展[J].国际遗传学,2016,39(6):321-326.

[25] 陈志浩,伍丽青,朱振浩,等.三维打印技术在人体器官打印中的应用[J].广东医学,2014(23):3754.